普通高等教育"十三五"规划教材

响应式网页设计与制作
——基于计算思维

王海波　主　编
张伟娜　张　园　副主编

中国铁道出版社有限公司
CHINA RAILWAY PUBLISHING HOUSE CO., LTD.

内容简介

本书以计算思维为导向，按照由浅入深的过程，逐步讲解了网页设计与制作，特别是响应式网页设计的相关知识，包括网页设计与制作基础、HTML 基础、CSS 基础、图像和多媒体、超链接、CSS 布局基础、响应式网页、CSS 布局应用、CSS 动效、表单、JavaScript、jQuery 等内容，并结合大量实例讲解了面向 PC 端和面向移动端响应式网页的制作方法。

本书内容丰富、结构清晰、紧跟技术前沿，注重网页设计的思维训练和实践应用，并提供了重点案例的微视频，适合作为高等院校网页设计与制作课程的教材，也可作为网页设计工作人员的参考用书。

图书在版编目 (CIP) 数据

响应式网页设计与制作：基于计算思维/王海波主编.
—北京：中国铁道出版社，2019.1 (2020.1 重印)
普通高等教育"十三五"规划教材
ISBN 978-7-113-25160-4

Ⅰ. ①响… Ⅱ. ①王… Ⅲ. ①网页制作工具-高等学校-教材 Ⅳ. ①TP393.092.2

中国版本图书馆 CIP 数据核字 (2019) 第 004774 号

书　　名：响应式网页设计与制作——基于计算思维
作　　者：王海波　主编

策　　划：魏　娜　　　　　　　　　读者热线：(010) 63550836
责任编辑：贾　星　冯彩茹
封面设计：刘　颖
责任校对：张玉华
责任印制：郭向伟

出版发行：中国铁道出版社有限公司 (100054，北京市西城区右安门西街 8 号)
网　　址：http://www.tdpress.com/51eds/

印　　刷：三河市宏盛印务有限公司

版　　次：2019 年 1 月第 1 版　　2020 年 1 月第 2 次印刷
开　　本：787 mm×1 092 mm　1/16　印张：15.25　字数：369 千
书　　号：ISBN 978-7-113-25160-4
定　　价：41.00 元

版权所有　侵权必究

凡购买铁道版图书，如有印制质量问题，请与本社教材图书营销部联系调换。电话：(010) 63550836
打击盗版举报电话：(010) 51873659

前言

无处不网络的今天,网页设计技术受到越来越多的人的关注。随着移动互联网的发展,网页展现的终端也越来越多样化,响应式网页设计与制作技术在面向多终端的 Web 开发中起着十分重要的作用。响应式网页设计通过 Web 标准中的媒体查询、弹性布局、响应式图像等技术的综合应用,创建出能够随着不同终端变化的自适应网页。

本书主要内容

本书是普通高等教育"十三五"规划教材,主要围绕 HTML、CSS 和 JavaScript 来讲解面向 PC 端的网页设计以及面向移动端的响应式网页设计过程中的相关知识和应用。在每个知识环节,都穿插了大量的实例来对知识点进行剖析和讲解,使得读者能够在掌握理论知识时,对其本质有更深入的了解,从而能够在实际的网页设计过程中加以运用。

第 1 章讲解网页设计与制作的基础知识,包括网站的分类、网页的基本构成元素、网站相关的概念等内容,并讲解网站制作的基本流程以及与网页设计相关的制作工具。

第 2 章讲解 HTML 的基础知识,包括标题、段落、文字格式、列表、表格、div 容器等元素,以及 HTML5 语义结构元素等内容。

第 3 章讲解 CSS 的基础知识,包括 CSS 选择器、在 HTML 中应用 CSS、盒模型、CSS 中的样式、继承性和层叠性等相关知识,以及通过 CSS 对文字和段落进行样式的控制。

第 4 章讲解有关网页中的颜色、图像和多媒体的基础知识,包括网页中颜色的表示、网页安全色、网页配色、网页中的图像类型、图像在网页中的应用等知识,以及在网页中使用 HTML5 中的音频、视频等多媒体元素。

第 5 章讲解超链接的基本概念及网页中不同类型的超链接,并讲解通过 CSS 对超链接的样式进行设置的基本方法。

第 6 章讲解在常规文档流的基础上,利用浮动布局、位置定位布局等方法,创建网页中各种不同的排版布局形式。

第 7 章讲解响应式网页设计的基本概念,包括媒体查询、弹性布局、响应式图像等创建响应式网页的基本方法。

第 8 章讲解 CSS 在网页布局中的实际应用,包括 PC 端网页和移动端网页中的导航、卡片式布局、图文列表、自定义列表等常用布局形式的设计与实现。

第 9 章讲解 CSS 中用于实现动效的变换、过渡以及动画的基本知识,并利用它们实现用户与网页元素之间的交互动效。

第 10 章讲解网页中表单、表单控件以及表单的可用性和布局等内容,并通过实例讲解典型表单型网页的制作方法。

第 11 章讲解 JavaScript 的基本语法以及在网页中的使用,重点讲解 JavaScript 中的内置对象、浏览器对象模型以及文档对象模型,并通过实例讲解通过 JavaScript 实现网页中的音频控制和地图创建。

第 12 章讲解 jQuery 的基本功能，包括使用 jQuery 操作网页元素以及实现基本的网页动画效果，并介绍一些常用的 jQuery 插件的使用，如图像幻灯片插件、图像灯箱插件、全屏滚动插件等。

在本书的附录中，提供了 HTML 的常用元素、CSS 常用属性以及思考与练习参考答案，供读者进行快速查阅。

本书案例的相关文件可登录中国铁道出版社网站（http://www.tdpress.com/51eds/）下载。

本书主要特色

（1）基于计算思维讲解基本概念和原理

基于计算思维方法，辅以相关图示，以简单明晰的方式讲解基本概念和原理。

（2）涵盖 HTML5 和 CSS3 新标准

本书涵盖了 HTML5 中的语义结构元素、audio 元素、video 元素、时间类型表单控件等新增元素，以及 CSS3 中的圆角边框、盒阴影、Web 字体、变换、过渡、动画等新增属性。

（3）涉及传统网页布局技术和移动端网页布局技术

既包括对传统网页布局技术中浮动布局、位置定位布局等的讲解，也包括对响应式网页设计中媒体查询、弹性布局、响应式图像等技术的讲解，使读者可以同时掌握面向 PC 端和面向移动端的网页布局技术。

（4）提供立体化教学资源

提供大量的实用案例，并对重点难点案例提供了微视频。通过案例，不仅有助于读者理解相关原理，也可为类似的网页设计提供思路和方法。

本书适用对象

本书适合作为高等院校网页设计与制作课程的教材，也可作为网页设计工作人员的参考用书。

本书由王海波任主编，张伟娜、张园任副主编。其中，第 1、6、8、9 章由王海波编写，第 2、3、4、5 章以及附录由张伟娜编写，第 7、10、11、12 章由张园编写。全书由王海波统稿。

由于编者水平有限，书中难免存在疏漏和不足之处，敬请读者批评指正。

编者
2018 年 11 月

目录

第1章 网页设计与制作基础 ··· 1
  1.1 Internet 的起源和发展 ··· 1
  1.2 网站与网页 ··· 2
  1.3 网站相关的概念 ··· 6
  1.4 网站制作基本流程 ·· 12
  1.5 网页设计制作工具 ·· 14
  思考与练习 ·· 18

第2章 HTML 基础 ··· 19
  2.1 HTML 的历史和发展 ·· 19
  2.2 HTML 的基本语法 ··· 21
  2.3 HTML 的文档结构 ··· 22
  2.4 标题与段落 ··· 25
  2.5 文字格式 ·· 26
  2.6 列表 ··· 28
  2.7 特殊字符和注释 ··· 30
  2.8 表格 ··· 31
  2.9 div 容器 ·· 36
  2.10 HTML5 语义结构元素 ··· 36
  2.11 文档对象模型 ··· 38
  思考与练习 ·· 39

第3章 CSS 基础 ··· 41
  3.1 CSS 基本概念 ·· 41
  3.2 CSS 选择器 ··· 43
  3.3 在 HTML 中应用 CSS ·· 50
  3.4 使用 CSS 控制文字样式 ··· 52
  3.5 使用 CSS 控制段落样式 ··· 57
  3.6 盒模型 ·· 58
  3.7 CSS3 中的样式 ·· 61
  3.8 继承性和层叠性 ··· 65
  思考与练习 ·· 69

第 4 章　图像和多媒体 71
4.1　网页中的颜色 71
4.2　图像 74
4.3　多媒体 82
思考与练习 87

第 5 章　超链接 89
5.1　超链接概述 89
5.2　创建超链接 91
5.3　超链接的 CSS 95
思考与练习 96

第 6 章　CSS 布局基础 98
6.1　基础知识 98
6.2　浮动布局 103
6.3　位置定位布局 109
思考与练习 115

第 7 章　响应式网页 116
7.1　响应式网页设计基础 116
7.2　媒体查询 119
7.3　弹性盒子(Flexbox)布局 121
7.4　响应式图像 126
思考与练习 128

第 8 章　CSS 布局应用 130
8.1　PC 端网页布局 130
8.2　移动端网页布局 142
思考与练习 146

第 9 章　CSS 动效 148
9.1　变换(transform) 148
9.2　过渡(transition) 152
9.3　动画(animation) 158
思考与练习 165

第 10 章　表单 166
10.1　表单 166
10.2　表单控件 168

10.3　HTML5 中的表单控件 …………………………………………………… 172
10.4　表单的可用性和布局 …………………………………………………… 173
10.5　表单案例 ………………………………………………………………… 175
　　　思考与练习 ……………………………………………………………… 178

第 11 章　JavaScript ……………………………………………………………… 180
11.1　JavaScript 概述 …………………………………………………………… 180
11.2　JavaScript 语言基础 ……………………………………………………… 184
11.3　内置对象 ………………………………………………………………… 190
11.4　宿主对象 ………………………………………………………………… 194
11.5　案例 ……………………………………………………………………… 200
　　　思考与练习 ……………………………………………………………… 204

第 12 章　jQuery ………………………………………………………………… 206
12.1　jQuery 基础 ……………………………………………………………… 206
12.2　使用 jQuery 操作网页元素 ……………………………………………… 210
12.3　jQuery 动画 ……………………………………………………………… 212
12.4　jQuery 插件 ……………………………………………………………… 216
　　　思考与练习 ……………………………………………………………… 223

附录 A　HTML 常用元素 ………………………………………………………… 224
附录 B　CSS 常用属性 …………………………………………………………… 227
附录 C　思考与练习参考答案 …………………………………………………… 233
参考文献 …………………………………………………………………………… 236

第 1 章
网页设计与制作基础

◎教学目标：

　　通过本章的学习，了解网站与网页相关的概念，掌握网站制作的基本流程，熟悉网页设计中涉及的不同类别的制作工具。

◎教学重点和难点：

- 网页的基本构成元素
- 浏览器和 HTTP 协议
- 网站制作基本流程
- 网页设计制作工具

　　网站是指根据一定的规则，使用 HTML 等语言制作的用于展示特定内容的相关网页的集合。网页是构成网站的基本元素。浏览器通过 HTTP 协议与 Web 服务器交互，获取网页以及相关资源并显示在浏览器中。在网站制作过程中，需要按照一定的流程有效地进行开发工作，在不同的阶段使用不同的设计和制作工具。

1.1　Internet 的起源和发展

　　Internet（因特网）是指按照一定的通信协议互相通信的计算机连接而成的全球网络。Internet 最早起源于美国国防部高级研究计划局 DARPA（Defense Advanced Research Projects Agency）的前身 ARPA 建立的 ARPANET，该网于 1969 年投入使用。1983 年，ARPANET 分为 ARPANET 和纯军用的 MILNET（Military Network）两部分，两个网络之间可以进行通信和资源共享。1986 年，NSF（National Science Foundation，美国国家科学基金会）建立了自己的计算机通信网络。NSFNET 使美国各地的科研人员连接到分布在美国不同地区的超级计算机中心，并将按地区划分的计算机广域网与超级计算机中心相连。今天的 Internet 已不再是计算机人员和军事部门进行科研的领域，而是变成了一个开发和使用信息资源的覆盖全球的信息海洋。

　　为了使连接在 Internet 上的计算机能够相互识别并进行通信，任何连入 Internet 的计算机都必须有一个唯一的"标识号"，即计算机在 Internet 上的地址。这个地址由 IP 协议进行处理，这个标识号被称为 IP 地址。被广泛使用的 TCP/IP 协议的第 4 个版本（即 IPv4）中，规定 IP 地址用二进制数来表示，长 32 位（bit）。为了方便人们使用，IP 地址经常用点分十进制方式表示。每个 IP 地址分为 4 段，用十进制数表示，每段数字范围为 0～255，段与段之间用句点隔开，如 123.126.157.222。随着 IPv4 地址的枯竭，IPv4 的替代版本 IPv6 被推出，它具有更大的地址空间，IP 地址的长度为 128 位，地址空间扩大为 2^{128}。IPv6 提高了安全性，身份认证和隐私权是 IPv6 的关键特性。

Internet 诞生后，产生了基于 Internet 的各种各样的网络服务，如文件传输服务（File Transfer Protocol，FTP）、电子邮件服务、电子公告牌服务（Bulletin Board System，BBS）等。其中，WWW 服务（World Wide Web）是目前应用最广的一种互联网应用，人们通过浏览器访问网站，获得各种各样的信息。随着移动设备的兴起，特别是以智能手机、平板式计算机为代表的移动终端的发展和普及，以及 4G 网络、5G 网络的不断发展，作为移动通信和互联网融合的产物，移动互联网近年来得到了巨大的发展。移动互联网上的应用不断丰富，成为人们获取信息的新的主要途径。

1.2 网站与网页

1.2.1 网站

网站（Website）是指根据一定的规则，使用 HTML 等语言制作的用于展示特定内容的相关网页的集合。它建立在网络基础之上，以计算机、网络和通信技术为依托，通过一台或多台计算机向访问者提供服务。平时所说的访问某个站点，实际上访问的是提供这种服务的一台或多台计算机。

网站的种类很多，按不同的分类标准可以把网站分为多种类型。在日常生活中，人们访问的常见网站有：

（1）综合信息门户型网站

综合信息门户型网站是指通向某类综合性互联网信息资源并提供有关信息服务的网站。门户网站主要提供新闻、搜索引擎、电子邮箱、影音资讯、网络社区、网络游戏等内容或服务。在我国，典型的门户网站有新浪、网易、搜狐、腾讯等。如图 1-1 所示为腾讯网站。

图 1-1 腾讯网站

(2) 政府网站

政府网站是指政府在各部门的信息化建设基础之上，建立起跨部门的、综合的业务应用系统，使公民、企业与政府工作人员都能快速便捷地接入所有相关政府部门的政务信息与业务应用。如图 1-2 所示为首都之窗网站。

图 1-2 首都之窗网站

(3) 企业网站

企业网站是企业在互联网上进行网络建设和形象宣传的平台。企业网站相当于一个企业的网络名片，不但对企业的形象是一个良好的宣传，同时可以辅助企业的销售，甚至可以通过网络直接帮助企业实现产品的销售。如图 1-3 所示为小米企业网站。

图 1-3 小米企业网站

(4) 电子商务型网站

电子商务通常是指在全球各地广泛的商业贸易活动中,在互联网开放的网络环境下,基于浏览器/服务器应用方式,买卖双方不用谋面就可以进行各种商贸活动,实现消费者的网上购物、商户之间的网上交易和在线电子支付以及各种商务活动、交易活动、金融活动和相关的综合服务活动的商业运营模式。以从事电子商务服务为主的网站称为电子商务网站,要求安全性高、稳定性强。根据进行电子商务的双方是企业还是个人,电子商务型网站经常被划分为企业与企业之间的B2B 网站(Business-to-Business)、企业与个人之间的 B2C 网站(Business-to-Customer)、个人与个人之间的 C2C 网站(Customer to Customer)。如图 1-4 所示为 B2C 类型的当当网站。

图 1-4　当当网站

(5) 社交媒体网站

社交媒体网站是指人们彼此之间用来分享意见、见解、经验和观点的网站,主要包括社交网站、微博、论坛等网站形式,如新浪博客、新浪微博、百度贴吧等。在社交媒体网站中,网站使用者自发贡献、创造、提取新闻信息,并互相传播信息。如图 1-5 所示为新浪微博网站。

图 1-5　新浪微博网站

(6)视频网站

视频网站为用户提供下载、观看及分享影片或短片相关的服务。在国内市场,主要的视频网站包括优酷、爱奇艺、腾讯视频等。如图 1-6 所示为爱奇艺网站。

图 1-6　爱奇艺网站

移动互联网出现后,能够支持面向多终端的网站成为当前网站建设的基本需求。响应式网页技术和针对移动端设备的专用网站成为目前两种主要的解决方法。如图 1-7 所示为当当网移动端网站,如图 1-8 所示为京东网移动端网站,都是针对移动端设备的专用网站。

图 1-7　当当网移动端网站　　　　　　图 1-8　京东网移动端网站

1.2.2 网页

网页(Web Page)是构成网站的基本元素。网页是一个纯文本文件,采用 HTML 语言来描述组成页面的各种元素,采用 CSS 语言描述网页元素的样式,采用 JavaScript 语言创建网页与用户之间的交互功能。网页通过客户端浏览器进行解析,从而向用户呈现网页的各种内容。

一个网站由若干网页组成,在若干网页中,有一个特殊的网页文件称为主页。主页是网站的起始页,即打开网站后看到的第一个页面。主页的文件名可以在网站 Web 服务器上进行设定。大多数主页的文件名是 index.html,也可以是 default.html、main.html 等文件名。主页也被称为首页,首页应该易于了解该网站提供的信息,并引导互联网用户浏览网站其他部分的内容。

1.2.3 网页的基本构成元素

一个网页的基本构成元素主要包括导航、文本、图像、超链接、表格、音频、视频、表单等。

(1)导航。导航在网页中是一组超链接,其链接的目标对象是网站中各栏目的主页。网页中的导航可以帮助访问者方便地在网站中各栏目间跳转和定位。

(2)文本。文本是网页中最重要的信息载体与交流工具,网页中的信息一般以文本形式为主。网页中的文本主要分为标题、段落、列表等。

(3)图像。图像元素在网页中具有提供信息并展示直观形象的作用。用户可以在网页中使用 GIF、JPEG 和 PNG 等多种文件格式的图像。

(4)超链接。超链接是从一个网页指向另一个目标对象的链接,其目标对象可以是网页,也可以是图片、电子邮件地址、文件和程序等。当网页访问者单击页面中某个超链接时,将根据目标对象的类型以不同的方式打开目标对象。

(5)表格。表格用于在网页上显示表格式数据,如比赛成绩表、列车运行时刻表、电影排行榜等。在 Web 标准提出之前,人们也曾经利用表格进行网页布局,控制网页中各种元素的显示位置。随着 CSS 布局的兴起,网页中的表格只用于显示表格式数据。

(6)音频。利用音频元素,可以创建如背景音乐自动播放、通过播放控件播放等不同方式的多媒体网页。

(7)视频。视频的采用使网页效果更加精彩且富有动感。常见的视频文件格式包括 FLV、MP4 等。

(8)表单。表单用来收集用户在浏览器中输入的各种信息,是用户和服务器之间进行信息沟通的桥梁。

1.3 网站相关的概念

1.3.1 域名和 DNS 服务器

由于 IP 地址是一串抽象的数字,不方便记忆,因此 Internet 引入了域名服务系统(Domain Name System,DNS),用具有一定含义并方便记忆的字符来表示网络上的计算机。域名系统是 Internet 的一项核心服务,它作为可以将域名和 IP 地址相互映射的一个分布式数据库,能够使人们更方便地访问互联网,而不用去记忆数字形式的 IP 地址编号,它的工作原理如图 1-9 所示。

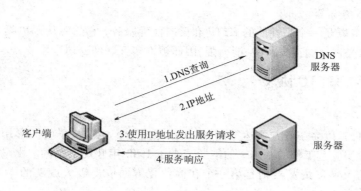

图 1-9　DNS 工作原理

当客户端需要访问某一域名对应的服务器时,先向 DNS 服务器发送查询请求,获得域名对应的 IP 地址,然后再用这一 IP 地址去访问对应的服务器。

在移动互联网时代,同一家公司建立的面向 PC 端的网站和面向移动端的网站会采用不同的域名。例如,目前一些互联网公司的两种类型网站的域名如表 1-1 所示。

表 1-1　面向 PC 端的网站和面向移动端的网站域名

网　　站	面向 PC 端的网站域名	面向移动端的网站域名
百度	www.baidu.com	m.baidu.com
新浪	www.sina.com.cn	sina.cn
搜狐	www.sohu.com.cn	m.sohu.com
网易	www.163.com	3g.163.com
当当	www.dangdang.com	m.dangdang.com
腾讯	www.qq.com	xw.qq.com

1.3.2　Web 服务器

被广泛采用的 Web 服务器包括微软公司的 IIS Web 服务器、Apache 基金会的 Apache Web 服务器、Nginx Web 服务器等。

(1) IIS Web 服务器

IIS Web 服务器(Internet Information Services,因特网信息服务)是由微软公司提供的基于 Microsoft Windows Server 运行的 Web 服务器。IIS 最初是 Windows NT 版本的可选安装包,随后内置在 Windows 2000、Windows Server 的不同版本中一起发行。它可以同时提供 Web 服务器和 FTP 服务器的功能。通过 IIS 的管理界面,用户可以进行网站根目录、网站虚拟目录、网站默认主页等设置。

(2) Apache Web 服务器

Apache Web 服务器是 Apache 基金会的一个开放源码的 Web 服务器,可以在大多数计算机操作系统中运行,由于其多平台和安全性被广泛使用。Apache Web 服务器起初由伊利诺伊大学香槟分校的国家超级计算机应用中心(NCSA)开发。此后,它被开放源代码团体的成员不断发展和加强。在 Windows Server 操作系统中,Apache Web 服务器一般以服务方式运行;而在 UNIX 操作系统中,Apache Web 服务器中的 httpd 程序作为一个守护进程运行,在后台不断处理请求。

(3) Nginx Web 服务器

Nginx Web 服务器是一个高性能的 HTTP 和反向代理服务，它的源代码以类 BSD 许可证的形式发布。它的特点是占有内存少，并发能力强，因而被许多互联网公司采用。

1.3.3 浏览器和 HTTP 协议

1. 浏览器

浏览器诞生时，是以命令行方式运行的，操作指令难于记忆。最早的图形用户界面浏览器是由在欧洲核子物理实验室工作的蒂姆·伯纳斯·李于 1990 年开发出来的。由马克·安德森和埃里克·比纳推出的 Mosaic 浏览器则是第一个在商业化方面取得极大成功的浏览器，如图 1-10 所示。

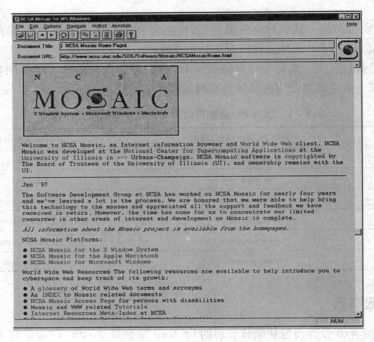

图 1-10　Mosaic 浏览器

目前，常见的浏览器包括微软公司的 Internet Explorer 浏览器、Microsoft Edge 浏览器，Mozilla 基金会的 Firefox 浏览器，苹果公司的 Safari 浏览器，谷歌公司的 Chrome 浏览器，Opera 公司的 Opera 浏览器，以及国内的 QQ 浏览器、搜狗浏览器、360 浏览器等。对于浏览器来说，它的核心称为浏览器内核。在上述的多种浏览器中，采用的内核主要有以下几种：

(1) Trident 内核

Trident 内核是 IE 浏览器使用的内核，该内核程序在 1997 年的 IE4 中首次被采用，是微软在 Mosaic 代码的基础上修改而来的。

(2) Gecko 内核

Gecko 内核是由 Mozilla 基金会开发的浏览器内核，最初被使用在 Netscape 浏览器中，目前 Firefox 浏览器使用的是这一内核。

(3) WebKit 内核及衍生

WebKit 内核是由苹果公司从 UNIX 系列操作系统下的图形工作环境 KDE 中的 KHTML 引擎衍

生而来的。基于WebKit内核,谷歌公司先后研发了chromium内核和Blink内核,使用在Chrome浏览器和Chromium浏览器中。

不同内核的浏览器在解析网页时,可能会按照不同的规则进行解析,从而导致同一个网页在不同的浏览器中以及浏览器的不同版本中具有不同的显示效果。但是,随着网页相关技术标准的制定,浏览器的开发商能够遵照统一的标准来开发浏览器,曾经较为混乱的局面得以改善。

在移动端设备中,苹果iOS平台中的Safari浏览器采用WebKit内核,Android平台的内置浏览器先后采用了WebKit内核和Blink内核。腾讯公司基于WebKit内核开发了X5内核,应用于QQ浏览器、微信、手机QQ等多个APP中。

2. HTTP 协议

在使用浏览器访问网站时,用户浏览器与Web服务器建立连接,然后向Web服务器提交信息请求,指明要访问的文件的位置和文件名。Web服务器接到请求后,根据请求进行事务处理,并把处理结果通过网络传送给用户浏览器,从而在浏览器上显示所请求的页面。浏览器与Web服务器之间通信时使用的这种协议为超文本传输协议(Hypertext Transfer Protocol,HTTP),它是在TCP/IP协议之上的应用层协议,由于其简捷、快速的方式,适用于分布式超媒体信息系统,如图1-11所示。

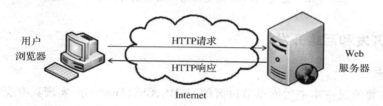

图 1-11 HTTP 协议

(1) HTTP 请求

浏览器发出的HTTP请求包含请求方法、资源路径URL、协议版本、用户代理、Cookie等多种信息。通过浏览器发出的用户代理信息,Web服务器可以知道用户正在使用的浏览器及版本。通过浏览器发出的Cookie信息,Web服务器可以辨别用户身份。

(2) HTTP 响应

Web服务器接收到浏览器发出的HTTP请求后返回的HTTP响应中,包含协议版本、状态码、发送响应的时间、响应数据的格式、响应的具体数据等多种信息。其中,状态码为3位数字,不同的状态码代表不同的含义。常见状态码及含义如表1-2所示。

表 1-2 HTTP 响应的常见状态码

状态码	状态码英文	含 义
200	OK	请求已成功,请求所希望的响应头或数据体将随此响应返回
302	Found	请求的资源被临时移动到其他地址
304	Not Modified	请求的资源与用户浏览器本地缓存的版本比较没有变化
403	Forbidden	服务器拒绝客户端的请求
404	Not Found	服务器无法找到用户浏览器请求的地址对应的资源
500	Internal Server Error	服务器内部发生错误,无法完成请求

浏览器一般都会提供开发者工具,可以用来查看网页的编码、网页引用的资源文件、浏览器与服务器之间的 HTTP 通信交互等信息。例如,在 Chrome 浏览器中打开开发者工具,可以通过"Network"标签,查看到浏览器在访问当前的网页时与 Web 服务器之间的 HTTP 通信的具体情况,如图 1-12 所示。

Name	Status	Type	Initiator	Size
www.baidu.com	200	document	Other	33.3 KB
bd_logo1.png	200	png	(index)	8.0 KB
bd_logo1.png?qua=high	200	png	(index)	8.0 KB
jquery-1.10.2.min_65682a2.js	200	script	(index)	32.7 KB
baidu_jgylogo3.gif	200	gif	(index)	1016 B
icons_5859e57.png	200	png	(index):652	14.3 KB
zbios_efde696.png	200	png	(index):652	3.5 KB
all_async_search_d222faf.js	200	script	(index):726	80.3 KB
every_cookie_4644b13.js	200	script	jquery-1.10.2.min_65682a2.js:140	1.6 KB
nu_instant_search_86ee413.js	200	script	jquery-1.10.2.min_65682a2.js:140	5.9 KB
quickdelete_33e3eb8.png	200	png	jquery-1.10.2.min_65682a2.js:155	1.3 KB
swfobject_0178953.js	200	script	all_async_search_d222faf.js:122	4.0 KB
tu_329aca4.js	200	script	all_async_search_d222faf.js:122	5.8 KB
bdsug_async_125a126.js	200	script	jquery-1.10.2.min_65682a2.js:140	11.2 KB

图 1-12　通过 Chrome 浏览器的开发者工具查看 HTTP 通信

1.3.4　前端开发和后端开发

1. 前端开发

前端开发主要通过在本书后面章节讲解的 HTML、CSS、JavaScript 实现具有交互功能的网页。其中,HTML 负责网页的结构,CSS 负责网页的外观,JavaScript 负责网页的行为。

随着技术的发展,在前端开发中涌现出许多框架和库,以提高前端开发的效率,如 jQuery、Vus.js、React、AngularJS 等。

2. 后端开发

后端开发主要实现网站的后台逻辑功能,常用的后端开发使用的语言有 ASP.NET、JSP、PHP 等,人们也把使用这些语言开发的网页称为动态网页。下面分别做一些简单介绍。

（1）ASP.NET

ASP.NET 的前身 ASP 技术,是在 IIS 2.0 上首次推出的,当时与 ADO 1.0 一起推出,成为服务器端应用程序的热门开发工具。微软还特别为它开发了 Visual Inter Dev 开发工具。在 1994 年至 2000 年之间,ASP 技术已经成为微软推广 Windows NT 4.0 平台的关键技术之一,数以万计的 ASP 网站也是从这时开始如雨后春笋般出现在网络上。ASP 的简单性是它能迅速崛起的原因之一。不过 ASP 的缺点也逐渐浮现出来:面向过程的程序开发方法,让维护的难度提高很多,尤其是大型的 ASP 应用程序。而且,扩展性也由于其基础架构的不足而受限,虽然有 COM 元件可用,但开发一些特殊功能时,没有来自内置的支持,需要使用第三方控件商的控件。

从 1997 年开始,微软针对 ASP 的缺点,开发出了下一代 ASP 技术的原型,并命名为 ASP+。在 2000 年第 2 季度时,微软正式推动.NET 策略,ASP+ 更名为 ASP.NET。经过 4 年多的开发,第一个版本的 ASP.NET 在 2002 年 1 月 5 日亮相。

ASP.NET 是基于通用语言编译运行的程序,其实现完全依赖于虚拟机,所以它拥有跨平台性。用 ASP.NET 构建的应用程序几乎可以运行在全部的平台上,大致分为以微软.NET Framework 为基础,使用 IIS 作为 Web 服务器承载的微软体系,以及使用 Mono 为基础框架运行在 Windows 或 Linux 下的开源体系。不像以前的 ASP 解释程序那样,ASP.NET 在服务器端首次运行程序时进行编译,每修改一次程序必须重新编译一次,这样的执行效果比解释型速度快很多。

(2) JSP

JSP(Java Server Pages)是由 Sun 公司(已于 2009 年被 Oracle 公司收购)主导、许多公司参与一起建立的一种动态网页技术标准。JSP 技术有点类似 ASP 技术,它在传统的网页 HTML 文件(*.htm,*.html)中插入 Java 程序段(Scriptlet)和 JSP 标记(tag),从而形成 JSP 文件(*.jsp)。用 JSP 开发的 Web 应用是跨平台的,既能在 Linux 下运行,也能在其他操作系统下运行。自 JSP 推出后,众多大公司都推出支持 JSP 技术的服务器,如 IBM、Oracle、Bea 等公司,所以 JSP 迅速成为商业应用的服务器端语言。

Java 平台企业版(Java Platform Enterprise Edition)是 Sun 公司为企业级应用推出的标准平台。Java EE 是由一系列技术标准所组成的平台,包括 Enterprise Java Beans、Java 数据库连接 JDBC、Java 消息服务 JMS 等。各个平台开发商按照 Java EE 规范分别开发了不同的 Java EE 应用服务器,Java EE 应用服务器是 Java EE 企业级应用的部署平台。由于它们都遵循了 Java EE 规范,因此,使用 Java EE 技术开发的企业级应用可以部署在各种 Java EE 应用服务器上。

在开发 JSP 类型的网页时,人们经常使用 Eclipse 编程工具。Eclipse 最初由 OTI 和 IBM 两家公司的 IDE 产品开发组创建,起始于 1999 年 4 月。IBM 提供了最初的 Eclipse 代码基础,包括 Platform、JDT 和 PDE。由 IBM 牵头,围绕着 Eclipse 项目已经发展成为了一个庞大的 Eclipse 联盟,有 150 多家软件公司参与到 Eclipse 项目中,其中包括 Borland、Rational Software、Red Hat 及 Sybase 等。Eclipse 是一个开放源码项目,任何人都可以免费得到,并可以在此基础上开发各自的插件,因此越来越受人们关注。

(3) PHP

PHP(Personal Home Page)是拉斯姆斯·勒多夫为了要维护个人网页,而用 C 语言开发的一些 CGI 工具程序集,来取代原先使用的 Perl 程序。他将这些程序和一些窗体解释器集成起来,称为 PHP/FI。PHP/FI 可以和数据库连接,产生简单的动态网页程序。拉斯姆斯·勒多夫在 1995 年 6 月 8 日将 PHP/FI 公开发布,希望可以通过社区来加速程序开发与查找错误。这个发布的版本命名为 PHP 2。在 1997 年,Zeev Suraski 和 Andi Gutmans 重写了 PHP 的语法分析器,成为 PHP 3 的基础,而 PHP 也在这个时候被改称为 PHP:Hypertext Preprocesso。在 1998 年 6 月正式发布 PHP 3。2000 年 5 月 22 日,以 Zend Engine 1.0 为基础的 PHP 4 正式发布。2004 年 7 月 13 日发布了 PHP 5,PHP 5 使用了第二代的 Zend Engine。PHP 包含了许多新特色,如强化的面向对象功能、引入 PDO(PHP Data Objects,一个访问数据库的扩展库),以及许多性能上的增强。

自带多样化的函数是 PHP 主要的特点之一,这些开放代码的函数提供了各种不同的功能,如文件处理、FTP、字符串处理等。这些函数的使用方法和 C 语言相近,这也是 PHP 广为流行的原因之一。除了自带的函数之外,PHP 也提供了很多扩展库,如各种数据库连接函数、数据压缩函数、图形处理等。有些扩展库需要从 PHP Extension Community Library 取得。

除 ASP.NET、JSP、PHP 等后端开发语言以外,许多网站使用 Perl、Python、Ruby 等语言进行开发。2009 年 Node.js 的出现,使得 JavaScript 可以在服务器端运行,人们可以使用同一种语言完成前端开发和后端开发。

在网站后台,必不可少的组成部分是数据库软件。在互联网的早期,人们曾经使用微软 Office 套件中的 Access 软件作为网站的后台数据库。随着技术的发展,使用在网站上的数据库主要是 Oracle、SQL Server、MySQL 等关系型数据库。根据网站的性质和规模,网站建设者选择相匹配的数据库作为网站的后台。例如,对于交易事务性要求较高的金融类网站,经常选择 Oracle 数据库;而对于一般类型的网站应用,由于 MySQL 数据库的体积小、速度快、总体拥有成本低以及开源等特性,经常被选择作为中小型网站的后台数据库。

1.4　网站制作基本流程

网站的开发往往是团队合作的结果。参与网站开发的角色包括产品经理、UI 设计人员、前端工程师、后端工程师、测试工程师、运维工程师等。为了使网站开发工作有效地进行,一般在开发网站时,开发人员都必须遵循网站的开发流程。一直到该网站的发布乃至以后的维护,都按一定的顺序进行。只有遵循一定的顺序才能协调分配整个制作过程的资源与进度。

通常把一个网站开发过程分 3 个阶段:第一个阶段是规划与准备阶段;第二个阶段是网页制作阶段;第三个阶段是网站的测试发布与维护阶段。规划与准备阶段完成网站的需求分析与版面设计,这个阶段非常重要,直接决定和影响后期的工作,以及网站的使用效果。在制作阶段,完成网站中各个网页的功能,并把它们有机地链接起来。在后续工作阶段,需要完成网站发布前的优化测试工作,以及网站发布后的维护和更新。

1. 规划与准备

(1) 网站定位

一个网站要有明确的目标定位,只有定位准确、目标鲜明,才可能编制出切实可行的计划,按部就班地进行设计。网站定位就是确定网站的特征及其特殊的使用群体等,即网站在网络上的特殊位置,它的核心概念、目标用户群、核心作用等,突出表现在网站的题材和内容选择上。网站的题材和内容要紧扣主题,而不能漫无边际。网站域名和网站的名字应该有特点并容易记忆。

(2) 确定网站风格

风格指的是站点的整体形象给浏览者的综合感受,包括版面布局、浏览方式、交互性和文字等诸多因素。网站风格要体现自己的特色,独树一帜。通过网站的某一点,如文字、色彩、技术等,能让浏览者明确分辨出此部分就是网站所独有的。例如,迪士尼中国官方网站的活泼可爱与微软中国的严肃简洁是两种完全不同的风格。

(3) 规划网站文件目录结构和逻辑结构

网站的规划与准备阶段要搜集与网站相关的素材文件,后期网页制作也要创建很多网页文件,对这些文件要进行合理的规划与管理。网站是由若干文件组成的文件集合,大型网站文件的个数更是数以万计,为了便于管理人员维护网站,也为了浏览者快速浏览网页,需要对文件的目录结构进行合理设计。对于小型网站来说,所有网页文件都存放在网站根目录下,是一种扁平式物理结构。但对于大一些的网站,往往需要二层、三层甚至更多层来存储网页及相关的文件,从而形成树状的物理结构。这时主要的设计原则包括:不要将所有的文件都保存在网站根目录下;网页图像文件很多,为了方便管理,要在每个主栏目目录下都建立独立的 images 目录;网站栏目文件也要分类,按栏目内容建立子目录;尤其注意网站文件名,为了便于 Web 服务器管理,不要使用中文命名;目录的层次也不要太深。如图 1-13 所示为网站的目录结构。

与网站文件目录结构不同,网页内部链接形成了网页之间的逻辑结构。网站文件目录结构由网站页面的物理存储位置决定,网站逻辑结构由网站页面之间的链接关系决定。与网站文件目录结构相同,网站逻辑结构也可以采用扁平式或树状结构两种方式来组织。对于栏目较多的网站,也应该采用树状结构来组织,如图 1-14 所示。

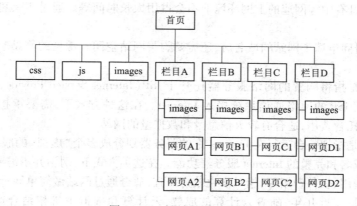

图 1-13 网站的目录结构

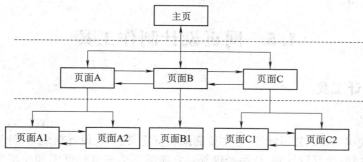

图 1-14 网站的逻辑结构

(4) 网页的原型制作和效果图制作

原型设计是在真正设计网站产品之前的框架设计,它以可视化的形式展现给用户,以便及时征求用户意见,确定用户需求。设计师在开发原型时,使用线框图入手是最佳的方法。线框图通过一系列的基本图形(如矩形、菱形、线条)来设计页面的基本框架、界定页面包含的内容,以及内容的排版等。

根据网页线框图,使用图像制作工具制作网页的最终效果图。通过网页效果图的制作,为后续的网页制作奠定基础。在网页设计过程中涉及的图像、背景颜色、背景图像、网页元素的尺寸、网页布局等都将来源于网页效果图。网页效果图制作完成后,借助图像制作工具提供的切图功能,把网页中使用的图像从整体图中切割出来,以备在网页制作过程中使用。

2. 编辑网页内容

在网页制作阶段,利用网页制作工具辅助进行 HTML 代码的编写,组合文字、图像、多媒体等元素,形成具有良好结构和布局的网页。这一过程是本书的重点,其中涉及使用 HTML 形成网页的结构、使用 CSS 控制网页的样式和布局及使用 JavaScript 形成与网站访问者之间的交互。

如果制作的是动态网站,还需要涉及动态网页的开发、数据库的开发等工作,本书不做更进一步的讲解。

3. 网站的测试和发布

在将站点上传到服务器之前,需要在本地对其进行测试,这样可以尽早地发现问题并避免错误。应该确保网页在目标浏览器中能够正常显示和使用,所有链接都可以正确地链接到目标网页,页面的下载在具有中等网速的上网环境下不会占用太长时间等。通过工具可以使这些测试过程自动进行。

通过域名注册商申请了网站的域名后,还需要购买网站空间。常见的网站空间的形式主要有以下3种:

①主机托管:是指将购置的网络服务器托管于ISP(Internet Service Provide,因特网服务提供商)的机房中,借用ISP的网络通信系统接入Internet。在这种方式下,需要承担服务器的硬件费用、软件费用以及托管费用,适合有较大信息量和数据量的网站。

②虚拟主机:是指把一台运行在Internet上的服务器划分成多个"虚拟"的服务器,每个虚拟主机都具有独立的域名和完整的Internet服务器功能。在这种方式下,网站并不需要像主机托管一样承担全部的硬件费用、软件费用等,相对来说较为便宜,适合通过网站做简单展示的中小型企业。

③云虚拟主机:在近几年,随着云计算的成熟,云计算和虚拟主机相结合产生了"云虚拟主机"。借助于云计算对大规模虚拟的计算资源、存储资源的管理能力,云虚拟主机可以在可扩充性方面提供更多的支持。

1.5　网页设计制作工具

1.5.1　原型设计工具

1. Axure RP

Axure RP 由美国 Axure 公司开发,它主要面向负责定义需求、设计功能、设计界面的工作人员,包括用户体验设计师、交互设计师、产品经理等。它能够创建网页线框图和原型页面,并且能够进行交互体验设计,支持多人协作设计和版本控制管理,其界面如图1-15所示。

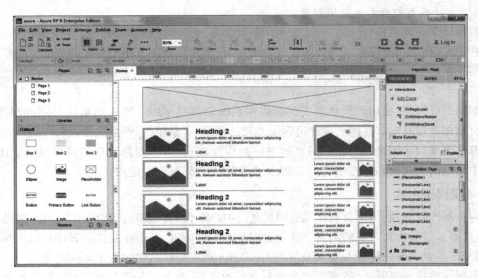

图1-15　Axure RP 原型设计工具

2. 墨刀

墨刀是一款在线原型设计与协同工具。通过墨刀,设计师可以制作出可直接在手机上运行的接近真实移动端应用交互的高保真原型,使创意得到更直观的呈现。墨刀支持云端保存、实时预览、一键分享及多人协作功能，其界面如图 1-16 所示。

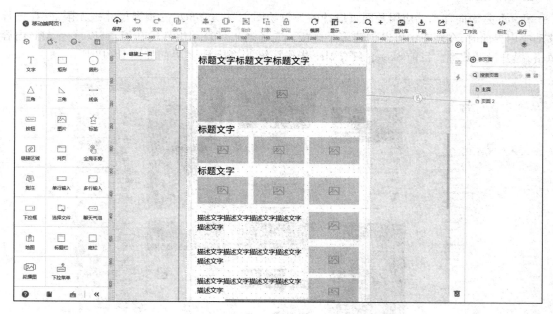

图 1-16　墨刀原型设计工具

1.5.2　图形图像制作工具

1. Photoshop

Photoshop 是 Adobe 公司旗下最为出色的图像处理软件之一，它集图像扫描、编辑修改、图像制作、广告创意、图像输入与输出于一体，深受广大平面设计人员和计算机美术爱好者的喜爱。该软件的应用领域很广泛，在图像、图形、文字、视频等各方面都有涉及，其界面如图 1-17 所示。

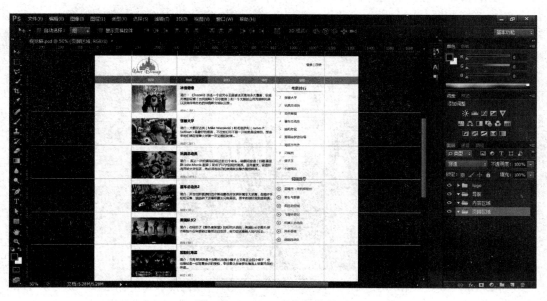

图 1-17　Photoshop 软件界面

2. Sketch

Sketch 是面向移动端应用及网页设计的矢量绘图工具。Sketch 的画布尺寸是无限的,在设计移动应用界面时,在画布中可以创建多个画板。它还通过可复用组件的功能,可以统一 APP 内容风格,提升设计效率。目前 Sketch 只有 Mac 操作系统下的版本,其界面如图 1-18 所示。

图 1-18 Sketch 软件界面

3. Adobe XD

Adobe XD(eXperience Design)是 Adobe 公司推出的面向移动端应用及网页设计工具,它可以和 Photoshop、Illustrator 良好地集成。与 Sketch 类似,Adobe XD 支持在单个文件中为基于移动设备、平板计算机和桌面的网络体验定义多个画板。它支持从线框图转化为交互式原型的制作,其界面如图 1-19 所示。

图 1-19 Adobe XD 软件界面

1.5.3 网页编辑工具

从原理上讲,任何文本编辑器都可以编写 HTML 文件,因而就可以用来制作网页,如 Windows 操作系统中的"记事本"软件。有一些文本编辑器专门提供网页制作及程序设计等许多有用的功能,支持 HTML、CSS、PHP、ASP、Perl、JavaScript、VBScript 等多种语言的语法高亮、代码提示等功能,如 Github Atom、Adobe bracket、Sublime Text、Visual Studio Code 等。Visual Studio Code 软件界面如图 1-20 所示。

图 1-20　Visual Studio Code 软件界面

在网页编辑工具中,被广泛使用的有 Adobe 公司的 Dreamweaver 软件,它可以编辑 HTML、CSS、PHP、ASP.NET、ColdFusion、JSP 等多种不同类型的文件,其界面如图 1-21 所示。

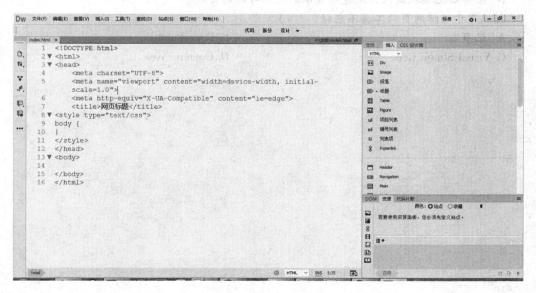

图 1-21　Dreamweaver 软件界面

与普通文本编辑器不同的是，Dreamweaver 能够以"代码"视图方式或"设计"视图方式来编写、查看网页，从而能够以类似 Word 软件的"所见即所得"的方式来制作网页。同时，Dreamweaver 还提供站点管理、资源管理、相关文件、连接 FTP 站点、网站测试优化等功能，从而帮助用户更轻松地对网站进行管理。

思考与练习

一、判断题

1. IPv4 地址为 32 位二进制。   （   ）
2. 浏览器在访问网站时需要借助 DNS 服务器查询网站服务器的 IP 地址。   （   ）
3. 浏览器通过 FTP 协议访问 Web 服务器。   （   ）
4. 网页中含有 Flash 动态效果的就属于动态网页。   （   ）
5. 在网站目录结构中，网页文件应该与图像、视频等文件保存在同一个目录中。 （   ）

二、单选题

1. 用户进入网站看到的第一个网页是(　　)。
   A. 导航页　　　　　　　B. 搜索页　　　　　　　C. 主页　　　　　　　D. 欢迎页
2. 网站服务器上运行的接收用户浏览器请求的软件是(　　)。
   A. Web 服务器　　　　　B. 文件服务器　　　　　C. FTP 服务器　　　　D. 邮件服务器
3. 下面(　　)不属于动态网页技术。
   A. ASP.NET　　　　　　B. Visual Basic　　　　　C. JSP　　　　　　　　D. PHP
4. HTTP 响应的状态码为 404 时，表示(　　)。
   A. 请求已成功
   B. 请求的资源被临时移动到其他地址
   C. 服务器拒绝客户端的请求
   D. 服务器无法找到用户浏览器请求的地址对应的资源
5. 可以用于编辑网页的工具不包括(　　)。
   A. 记事本　　　　　　　　　　　　　　　　B. PowerPoint
   C. Visual Studio Code　　　　　　　　　　　D. Dreamweaver

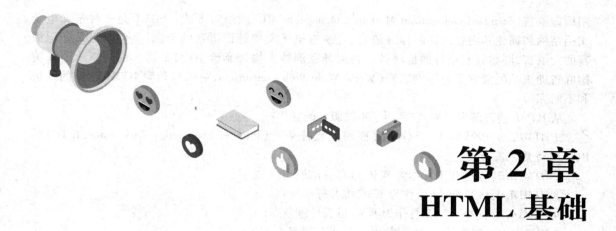

第 2 章
HTML 基础

◎教学目标：

通过本章的学习，掌握 HTML 文档结构、常用 HTML 元素，学会使用 HTML 元素制作简单网页。

◎教学重点和难点：

- HTML 文档结构
- 标题与段落
- 列表
- 表格
- div 容器
- HTML5 语义结构元素

HTML(Hypertext Markup Language)是超文本标记语言，用以描述网页结构。HTML 文件只需一般的文本编辑器即可编辑，编辑好的文件通过浏览器解析，显示出来就是人们看到的网页。

2.1 HTML 的历史和发展

HTML 是描述网页结构的标记语言。所谓标记语言，是用一系列约定好的标记（或称标签）来对电子文档进行标记，以实现对电子文档的语义、结构及格式的定义。标记语言的标记必须容易与内容区分，并且易于识别。HTML 标签由一对尖括号 < > 和标签名组成，如 < p >、< h1 > 等。HTML 文件的扩展名一般是 .html 或 .htm。HTML 文件经浏览器解释后，就是人们看到的网页。

约 1990 年前后，HTML 语言由在欧洲核子物理实验室工作的蒂姆·伯纳斯·李发明，最初的目的是为了共享分布在各地物理实验室、研究所的最新信息、数据、图像资料等信息。1991 年，蒂姆·伯纳斯·李发表了一篇名为"HTML Tags"的文章，阐述了最初的由 18 种元素组成的 HTML 语言，首次公开阐述了 HTML 的思想。在发明 HTML 时，蒂姆·伯纳斯·李借鉴了标准通用标记语言(Standard Generalized Markup Language,SGML)的语言形式。SGML是一种定义电子文档结构和描述其内容的国际标准语言,是所有电子文档标记语言的起源,是可以定义标记语言的元语言,同时具有极好的扩展性。在离开欧洲核子物理实验室后,蒂姆·伯纳斯·李在美国麻省理工学院成立了万维网联盟(World Wide Web Consortium,W3C),负责HTML标准的维护和不断完善。

从HTML语言诞生以来,它经历了不同版本的变化:

①HTML2.0:1995年11月作为互联网工程任务组(Internet Engineering Task Force,IETF)的RFC 1866规范发布。

②HTML3.2:1997年1月作为W3C推荐标准发布。

③HTML4.0:1997年12月作为W3C推荐标准发布。

④HTML4.01:1999年12月作为W3C推荐标准发布。

⑤XHTML1.0:2000年1月作为W3C推荐标准发布。

⑥HTML5:2014年10月作为W3C推荐标准发布。

在HTML语言被广泛采用后,人们希望对HTML语言进行扩充,从而满足各种特殊领域的要求,这就造成了不同领域的HTML文档不能互相兼容的问题。为了解决这一问题,万维网联盟在可扩展标记语言(Extensible Markup Language,XML)的基础上,对HTML进行了改造,形成了XHTML(Extensible Hypertext Markup Language)。

XHTML1.0基于HTML4.01,没有增加任何新特性。唯一的区别是语法,XHTML相比HTML有更严格的语法,如HTML对元素和属性不区分大小写,而XHTML要求所有元素及属性必须用小写;HTML不要求空元素一定要关闭,而XHTML则要求空元素一定要关闭,如换行元素,HTML中用
,XHTML中用
。

XHTML2.0虽然听上去和XHTML1.0类似,但XHMTL2.0是一种与早期的HTML及XHTML都不兼容的新语言。SGML、HTML、XML、XHTML之间的关系如图2-1所示。

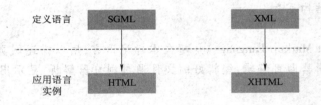

图2-1 标记语言之间的关系

2004年,Apple公司、Mozilla基金会和Opera公司成立了网页超文本技术工作小组(Web Hypertext Application Technology Working Group,WHATWG)。WHATWG致力于Web表单和应用程序,而W3C专注于XHTML2.0。HTML5草案的前身名为Web Applications 1.0,于2004年被WHATWG提出,于2007年被W3C接纳,并成立了新的HTML工作团队。

HTML5的第一份正式草案于2008年1月22日公布,在HTML5中增加的新特性包括:

①新的语义元素,如header、footer、article、section。

②新的表单控件,如calendar、date、time、email、url、search等。

③强大的图像支持,如canvas、svg。

④强大的多媒体支持,如video、audio。

⑤强大的新API,如用本地存储取代cookie。

HTML5标准仍处于完善之中,但大部分浏览器已经开始支持某些HTML5技术。也有一些

HTML4.01 中的元素已从 HTML5 标准中删除,如 big、center、font、frame、frameset 等。目前最新版本是 2017 年 12 月发布的 HTML5.2 推荐标准。

2.2 HTML 的基本语法

1. HTML 元素的基本语法

HTML 元素一般由"开始标签""结束标签"及其中的内容组成。"开始标签"与"结束标签"的标签名称相同,只是结束标签在相应标签名称前增加了斜杠"/"符号。也有一些称为"空元素"的元素没有对应的结束标签,如 br、hr、meta 等。元素还可以有属性,用来对元素进行具体描述。元素的属性放在开始标签中,属性包括属性名和属性值,它们之间用"="连接。多个属性之间用空格隔开。HTML 元素的基本语法如图 2-2 所示。

图 2-2 HTML 元素基本语法

图 2-2 定义了 h1 元素,并定义了元素的 class 及 title 两个属性。class 属性的属性值为 "articleTitle",title 属性的属性值为 "book name"。元素的内容为"网页设计与制作"。HTML 元素可以嵌套使用,但是元素中的标签不能交叉。

例如,下面元素中的标签形成了交叉关系,是错误的:

<h1> <em>网页设计与制作 </h1> </em>

以下代码是正确的:

<h1> <em>网页设计与制作 </em> </h1>

2. HTML 元素的标准属性

HTML 元素的众多属性中,几乎所有的元素都使用这 4 个属性,而且对应的意义也相同,这些属性是 class、id、style 和 title,具体说明如表 2-1 所示。

表 2-1 HTML 元素的标准属性

属 性	说 明	示 例
class	为网页元素指定类样式	< p class = " pic " > 内容 </p >
id	为网页元素定义一个唯一的标识符	< div id = " header " > 内容 </div >
style	为网页元素指定行内样式	< p style = " color:#F00;" > 内容 </p >
title	为网页元素设置提示文本,浏览器将会以提示栏的方式显示 title 属性设置的提示文字	< p title = " 提示文字" > 内容 </p >

2.3 HTML 的文档结构

就像我们写信、写文章要有一定的章法结构,HTML 文档也有自己的结构。

2.3.1 基本结构

HTML 文档的基本结构包括头部(head)、主体(body)两大部分,如图 2-3 所示。其中,头部描述浏览器、搜索引擎等所需的信息,而主体则包含 HTML 文档的具体内容。

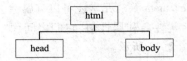

图 2-3 HTML 文档基本结构示意图

【**实例 2-1**】HTML 文档基本结构(实例文件 ch02/01.html)。
在这一实例中实现了一个简单的 HTML 文档,通过本例理解 HTML 文档的基本结构。

```
<!doctype html>
<html>
<head>
<meta charset="utf-8">
<title>二十四节气简介</title>
</head>
<body>
<h1>二十四节气</h1>
</body>
</html>
```

浏览网页,效果如图 2-4 所示。

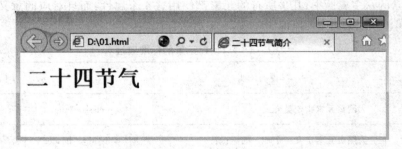

图 2-4 HTML 文档基本结构示例

title 元素中的"二十四节气简介"显示在浏览器的标题栏,body 元素中的"二十四节气"显示在文档区。

一般来说,一个较为规范的 HTML 文档的结构如图 2-5 所示。在后面的章节将分别介绍各部分的含义。

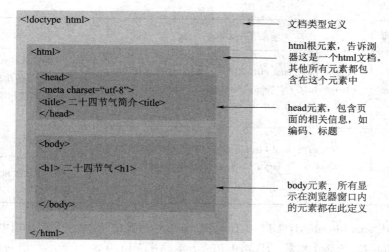

图 2-5　HTML 文档的规范结构

2.3.2　文档类型定义

<!DOCTYPE> 放在 HTML 文档的最上方,用于定义文档类型。<!DOCTYPE> 不是一个 HTML 标签,它用来告诉浏览器,网页是用 HTML 哪个版本写的,以便浏览器对文档格式做出正确的预计和验证。例如:

<!doctype html>

表示文档使用的是 HTML5 版本。浏览器将使用 HTML5 的语法来校验文档。

<!DOCTYPE HTML PUBLIC " -//W3C//DTD HTML 4.01 Transitional//EN" " http://www.w3.org/TR/html4/loose.dtd">

表示文档使用的是 HTML4.01 的过渡版本,并指明可以从 http://www.w3.org/TR/html4/loose.dtd 获得完整的文档中使用的元素语法和定义。

因为 HTML4.0.1 基于 SGML,所以需要指定所参考的 DTD。HTML5 不是基于 SGML,因而不用指定所参考的 DTD。表 2-2 列出了常用的 DOCTYPE 定义。

表 2-2　常用 DOCTYPE 定义

HTML/XHTML 版本	文档类型定义	说　明
HTML5	<!doctype html>	
HTML4.01 Transitional	<!DOCTYPE HTML PUBLIC " -//W3C//DTD HTML 4.01 Transitional//EN" " http://www.w3.org/TR/html4/loose.dtd">	HTML4.01 过渡版。文档可以包括展现元素和不推荐使用的元素,如 font 元素
HTML4.01 Strict	<!DOCTYPE HTML PUBLIC " -//W3C//DTD HTML 4.01//EN" " http://www.w3.org/TR/html4/strict.dtd">	HTML4.01 严格版。文档不可以包括展现元素和不推荐使用的元素,如 font 元素

续表

HTML/XHTML 版本	文档类型定义	说明
XHTML1.0Transitional	<!DOCTYPE html PUBLIC " -//W3C//DTD XHTML 1.0Transitional//EN" "http://www.w3.org/TR/xhtml1/DTD/xhtml1-transitional.dtd">	文档必须遵循严格的 XHTML 的语法规定,如元素必须被关闭。文档可以包括展现元素和不推荐使用的元素,如 font 元素
XHTML1.0 Strict	<!DOCTYPE html PUBLIC " -//W3C//DTD XHTML 1.0 Strict//EN" " http://www.w3.org/TR/xhtml1/DTD/xhtml1-strict.dtd">	文档必须遵循严格的 XHTML 的语法规定,如元素必须被关闭。文档不可以包括展现元素和不推荐使用的元素,如 font 元素

其中,HTML 4.01 Transitional、XHTML1.0 Transitional 表示过渡的版本,它允许文档中使用展现元素和不推荐使用的元素,如 font 元素。HTML4.01 Strict、XHTML1.0 Strict 表示严格的版本,不允许使用这些元素。同样的代码,使用不同的文档格式,验证后会有不同的错误提示。例如:

```
<p>课程<br>名称
<p><font size="30px">网页设计与制作</font></p>
```

在 HTML4.01 Transitional 的文档中不会有错误提示;
在 HTML4.01 strict 的文档中会提示不支持 font 元素及 size 属性;
在 XHTML1.0 Transitional 的文档中会提示 br 元素及 p 元素没有结束标签;
在 XHTML1.0 strict 的文档中会提示 br 元素及 p 元素没有结束标签以及不支持 font 元素及 size 属性。

2.3.3 头部内容

head 元素用于展示与文档相关的元数据。head 元素中包含 title、meta、link、style、script 等元素。

1. title 元素

title 元素位于 head 元素中,用于定义文档的标题。title 元素中的内容是浏览器标题栏中的标题,也是页面被添加到收藏夹时的标题及显示在搜索引擎结果中的页面标题,因此描述恰当的 title 元素是十分重要的。例如:

```
<title>网页设计与制作</title>
```

浏览网页,会看到浏览器中的标题栏为"网页设计与制作"。

2. meta 元素

meta 元素为空元素,没有结束标签,在 XHTML 文件中必须在起始标签右括号前加上一个右斜线"/"作结束。meta 元素主要用来描述文档的相关信息,如用 meta 元素指定 HTML 文档的字符集、指定网页的主要内容、关键词等信息。

meta 元素常用的属性有:charset、name、http-equiv、content。

charset 属性用来定义网页的编码格式。如指定网页的字符编码是 utf-8:

```
<meta charset="utf-8">
```

除了 charset 属性,meta 元素常用的属性还有:

```
<meta name="" ,content ="">
<meta http-equiv ="" ,content ="">
```

①name:指定元数据的名称。其值可以为"description""keywords""viewport"等。如果指定了 content 属性,则 content 的值关联到此名称。

②http-equiv:指程序指令,其值可以为"content-type""expires""fresh"等。将 content 的属性值关联到 HTTP 头部,指示服务器在发送实际的文档之前先在要传送给浏览器的 MIME 文档头部包含 http-equiv 及对应 content 指定的名称/值对。

③content:定义与 http-equiv 或 name 属性相关的元信息。

📝 提示:

若中文网页编辑时正常,但用浏览器浏览时出现乱码,很大可能是网页中缺少了 charset 的指定。在指定正确的 charset 后,网页会恢复正常。

【实例 2-2】meta 元素属性的设置(实例文件 ch02/02.html)。
在这一实例中定义了 meta 元素的几个属性。

```
<meta charset ="utf-8">
<meta name ="description" content =" 中国二十四节气的来历、民间习俗、节气文化等的介绍">
<meta name ="keywords" content =" 二十四节气、立春,雨水,惊蛰,春分">
<meta http-equiv ="refresh" content =" 10;URL = https://baike.baidu.com/item/二十四节气/191597?fr=aladdin" />
```

上述代码,定义了网页的字符集编码为 UTF-8,网页的内容描述是"中国二十四节气的来历、民间习俗、节气文化等的介绍",网页的关键词是"二十四节气,立春,雨水,惊蛰,春分"。10 s 后,网页自动跳转到百度百科二十四节气介绍的页面。

3. style 元素

style 元素用于说明网页的 CSS 样式,如字体、颜色、位置等内容展现的各个方面。第 3 章将会对此部分进行具体介绍。

4. link 元素

link 元素指定当前网页文档与其他文档的特定关系,通常用来指定网页文档使用的样式表文件。第 3 章会对此部分有具体介绍。

5. script 元素

script 元素用于将脚本语言嵌入网页中,也可以链接到脚本文件。第 11 章中对此部分有具体介绍。

2.3.4 主体内容

body 元素中包含浏览器中显示的所有元素。一个网页文档中只能出现一对 <body></body> 标签。不推荐在 body 元素中使用"呈现属性",如 background、bgcolor、link、vlink 等属性均不推荐在 body 元素中使用。若要定义网页的背景、超链接等样式,建议使用 CSS 样式定义完成。

2.4 标题与段落

使用 Word 制作文档时,经常需要定义文档的一级标题、二维标题……及段落等元素。与之类似,在 HTML 文档中可以使用标题元素 h1、h2、…、h6 及段落元素 p 来完成网页中标题及段落的定义。

2.4.1 标题

网页中文字通过 h1、h2、h3、h4、h5、h6 元素分别定义其为标题 1 到标题 6。HTML 中标题元素的语法如下:

```
<hn>标题文字</hn>
```

其中,n 的值为 1~6。h1 表示一级标题,默认情况下,它的文字最大,h6 的默认文字最小。

【实例 2-3】设置网页内容中的标题(实例文件 ch02/03.html)。

在这一实例中,分别为文字定义了一级标题和二级标题。第 1 行为一级标题,其他几行为二级标题。

```
<h1>农历二十四节气</h1>
<h2>简介</h2>
<h2>节气来历</h2>
<h2>节气日期</h2>
<h2>节气意义</h2>
<h2>习俗</h2>
```

2.4.2 段落

网页中的段落元素通过 p 元素来定义。例如,下面的 HTML 代码定义了两个段落:

```
<p>立春,是二十四节气之一,中国以立春为春季的开始……(文字略)</p>
<p>雨水是 24 节气中的第 2 个节气,每年 2 月 18 日前后为雨水节气……(文字略)</p>
```

如果需要在段内换行,可以通过 br 元素完成。br 元素为空元素,XHTML 文件中,br 元素必须加上"/"作结束,即用
。

如下面的 HTML 代码在"立春"和后面的解释之间进行段内换行,但这些内容仍然是在同一个段落之中。

```
<p>立春<br />立春,是二十四节气之一,中国以立春为春季的开始,每年 2 月 4 日或 5 日太阳到达黄经 315 度时为立春。</p>
```

2.5 文字格式

HTML 中提供了文本语义元素,通过这些元素可以对网页上的文字设置斜体、加粗,还可以设置文字的上下标等。

2.5.1 强调

em 元素用来定义表示强调的文本。默认情况下,浏览器会以斜体显示其中的文本。例如,下面的 HTML 代码会把"农历二十四节气"显示为斜体。

```
<em>农历二十四节气</em>
```

如果为了表达语气更重的强调,可以使用 strong 元素。默认情况下,浏览器会以粗体显示文本。

例如，下面的 HTML 代码会把"农历二十四节气"显示为粗体。

```
<strong>农历二十四节气</strong>
```

2.5.2 上标和下标

sup 元素将内容以上标形式显示。sub 元素将内容以下标形式显示。例如，下面的代码可以显示公式 $z = x^2 + y^2$：

```
z=x<sup>2</sup>+y<sup>2</sup>
```

2.5.3 预格式化文本

pre 元素用来表示预格式化的文本，包围在 pre 元素中的文本通常会保留空格和换行符，而文本也会呈现为等宽字体。pre 元素的典型应用场景是用来在网页上显示计算机程序的源代码。例如，下面的 HTML 代码在显示其中的内容时，将会保留其中的空格和换行符：

```
<pre>
function addnum(m,n){
    i=m+n;
    return i;
}
</pre>
```

2.5.4 块引用

blockquote 元素用于定义块引用，标识此内容是引用自某个人或某份文件的资料。元素内容可以包含单纯字符串，也可以包含 img 元素。blockquote 元素在浏览器中的默认样式是左、右两边缩进，有时会使用斜体。

【实例 2-4】blockquote 元素的使用（实例文件 ch02/04.html）。

在这一实例中，使用 blockquote 元素引用百度百科对农历二十四节气的介绍，其中的内容将会左右两边缩进。

```
<h1>中国农历二十四节气</h1>
<blockquote>
远在春秋时期，中国古代先贤就定出仲春、仲夏、仲秋和仲冬四个节气，以后不断地改进和完善，到秦汉年间，二十四节气已完全确立。农历二十四节气这一非物质文化遗产十分丰富，其中既包括相关的谚语、歌谣、传说等，又有传统生产工具、生活器具、工艺品、书画等艺术作品，还包括与节令关系密切的中国节日文化、生产仪式和民间风俗。
</blockquote>
```

2.5.5 水平分隔线

hr 元素用于实现水平分隔线，hr 元素为空元素，无结束标签。XHTML 中，需使用 <hr /> 表示。hr 元素的效果是在页面中画出一条水平的分隔线。hr 元素有 align、size、color、noshade、width 属性，不过这些属性已被 W3C 列为非推荐属性。例如：

```
<hr width="100%" size="5px" noshade color="#FF0000">
```

在具体网页实现中也可以通过在后面将会学习的元素的下边框，或背景图像等其他方式实现水平分隔线。

2.5.6 其他

在HTML中,还定义了许多其他元素用来对文字格式进行定义,如small(小字体)、big(大字体)、b(粗体)、i(斜体)、tt(打字机字体)等。

2.6 列　　表

在HTML中,提供了无序列表、有序列表和定义列表3种形式来定义列表。

2.6.1 无序列表

当网页中需要对多个并列的内容进行展示时,可以通过无序列表(Unordered List)来完成。无序列表的每个列表项的前面是项目符号。HTML中无序列表的语法如下:

```
<ul>
    <li>第一个列表项</li>
    <li>第二个列表项</li>
    <li>第三个列表项</li>
</ul>
```

其中,<ul></ul>用来定义无序列表的作用范围,每个列表项由<li></li>标签对来定义。

在默认情况下,无序列表的项目符号是圆点,可以通过设置ul元素的type属性把项目符号改为其他形式,具体如表2-3所示。

表2-3　ul元素的type属性

属性值	说　明	示　例
circle	空心圆点项目符号	<ul type="circle">
disc	实心圆点项目符号	<ul type="disc">
square	方块项目符号	<ul type="square">

除了type属性支持的几种项目符号,还可以用CSS定义更丰富的项目符号样式。

【实例2-5】创建无序列表(实例文件ch02/05.html)。

在这一实例中,定义了项目符号为方块的无序列表。

```
<ul type="square">
    <li>国内新闻</li>
    <li>国际新闻</li>
    <li>科技新闻</li>
    <li>社会新闻</li>
</ul>
```

2.6.2 有序列表

当网页中罗列出的多个内容存在顺序关系时,可以通过有序列表(Ordered List)来完成。有序列表每个列表项的前面是编号。

HTML中有序列表的语法如下:

```
<ol>
    <li>第一个列表项</li>
    <li>第二个列表项</li>
    <li>第三个列表项</li>
</ol>
```

在默认情况下,有序列表的编号是阿拉伯数字,可以通过设置 ol 元素的 type 属性把编号改为其他形式,如表 2-4 所示。

表 2-4 ol 元素的 type 属性

属性值	说明	示例
1	数字编号	type = "1"
a	小写英文字母编号	type = "a"
A	大写英文字母编号	type = "A"
i	小写罗马字母编号	type = "i"
I	大写罗马字母编号	type = "I"

【实例 2-6】创建有序列表(实例文件 ch02/06.html)。

在这一实例中,定义了编号为数字的有序列表。

```
<ol type="1">
    <li>立春</li>
    <li>雨水</li>
    <li>惊蛰</li>
    <li>春分</li>
    <li>清明</li>
    <li>谷雨</li>
</ol>
```

2.6.3 定义列表

当网页中的某些内容需要进行定义和说明时,可以通过定义列表(Definition List)来完成。定义列表是项目及其注释的组合。dl 元素用以表示定义列表的范围,dt 元素用以定义待说明的词条,dd 用以对相关词条进行详细描述。

HTML 中定义列表的语法如下:

```
<dl>
<dt>第一个项目</dt>
    <dd>第一个项目的描述</dd>
<dt>第二个项目</dt>
    <dd>第二个项目的描述</dd>
<dt>第三个项目</dt>
    <dd>第三个项目的描述</dd>
</dl>
```

【实例 2-7】创建定义列表(实例文件 ch02/07.html)。

在这一实例中,创建了定义列表,对"立春""雨水""惊蛰"进行了详细说明。

```
<dl>
<dt>立春</dt>
<dd>立春,是二十四节气之一,中国以立春为春季的开始……(文字略)</dd>
<dt>雨水</dt>
<dd>每年2月18日前后为雨水节气……(文字略)</dd>
<dt>惊蛰</dt>
<dd>每年太阳运行至黄经345度时即为惊蛰,一般为……(文字略)</dd>
</dl>
```

2.7 特殊字符和注释

有些符号无法通过键盘直接输入,如©,或者与HTML已有符号冲突,如"<",">"等。这类符号可以用字符实体(或称转义字符)来实现。

1. 字符实体

HTML中的字符实体以"&"符号开始,以分号";"结束,中间为实体代码或实体名称。实体名称对大小写敏感。常用的字符实体如表2-5所示。

表2-5 常用字符实体

显示结果	描述	实体名称	实体编号
	空格		
<	小于号	&lt;	&#60;
>	大于号	&gt;	&#62;
&	和号	&amp;	&#38;
"	引号	&quot;	&#34;
'	撇号	'(IE不支持)	&#39;
¢	分(cent)	&cent;	&#162;
£	镑(pound)	&pound;	&#163;
¥	元(yen)	&yen;	&#165;
€	欧元(euro)	&euro;	&#8364;
§	小节	&sect;	&#167;
©	版权(copyright)	&copy;	&#169;
®	注册商标	&reg;	&#174;
TM	商标	&trade;	&#8482;
×	乘号	&times;	&#215;
÷	除号	&divide;	&#247;

2. 注释

为了提高HTML文档的可读性,方便网页编写者日后理解、修改HTML代码,可以为HTML文档添加注释。HTML文档中的注释以"<!--"开始,以"-->"结束,中间可以包含一行或者多行注释文本。注释信息不会显示在浏览器中。例如:

```
<!--页面导航开始-->
```
定义了说明性的注释文字,浏览网页时,"页面导航开始"几个字不会显示在浏览器中。

2.8 表 格

在网页制作技术发展的过程中,曾经很长一段时间用表格实现网页布局。随着 CSS 技术的发展,加上表格布局的缺点,目前已不再用表格布局网页。表格在网页中主要用来呈现多行多列的表格型的数据内容。

HTML 中,table 元素用以定义表格;tr 元素(table row)用以定义表格中的行;td 元素(table data cell)用以定义单元格,单元格中可以包含所有 HTML 元素,如文本、图像、列表、段落、表单、表格等。表格一般会有一个标题,可以用 caption 元素实现。如果需要有表头信息,可以用 th 元素(table header cell)实现。th 元素与 td 元素本质上都是单元格,但两者也有区别,在显示上,th 定义的单元格内的文字会以粗体、居中方式显示;语义上,th 用于定义表头,通常位于表格的第 1 行或第 1 列,td 用于定义普通单元格。如果仅仅为了将内容显示为粗体,也可以不用 th 定义,可以由 td 加 css 样式实现。

【实例 2-8】创建表格(实例文件 ch02/08.html)。

在这一实例中,创建一个 5 行 3 列的表格,表格标题为"学生考试成绩"。

```
<table>
<caption>学生考试成绩 </caption>
  <tr>
    <th>姓名 </th>
    <th>计算机基础 </th>
    <th>网页设计 </th>
  </tr>
  <tr>
    <td>张涵 </td>
    <td>80 </td>
    <td>95 </td>
  </tr>
  <tr>
    <td>李明 </td>
    <td>82 </td>
    <td>93 </td>
  </tr>
  ...
</table>
```

从上面的例子可以看出,创建表格时,首先是 table 元素,然后是 tr 元素,再在 tr 元素中包含 td 或 th 元素。一个表格只能有一个标题,而且 caption 元素必须紧跟 table 元素,位于所有 tr 元素之前。

为了使表格语义更良好,结构更清晰,可以使用 thead、tbody、tfoot 三个元素表示表格的头部信息、主体信息及页脚信息。如上述表格可表示为:

```html
<table >
<caption >学生考试成绩</caption >
  <!--表头部分-->
  <thead >
  <tr >
    <th >姓名</th >
    <th >计算机基础</th >
    <th >网页设计</th >
  </tr >
  </thead >
  <!--主体部分-->
  <tbody >
  <tr >
    <td >张涵</td >
    <td >80 </td >
    <td >95 </td >
  </tr >
  ...
  </tbody >
  <!--页脚部分-->
  <tfoot >
  <tr >
    <td >平均分</td >
    <td >86.67 </td >
    <td >86 </td >
  </tr >
  </tfoot >
</table >
```

修改以后,显示效果不会有任何改变,只是语义结构上更清晰。

表2-6中列出了常用表格相关元素。

表2-6 常用表格相关元素

元素	说明
table	定义表格。table元素用于定义整个表格,表格内的所有内容都应该位于 <table > 和 </table > 之间
caption	定义表格标题
th	定义表格的表头,即表格的行列标题数据定义在 <th > 和 </th > 之间。大多数浏览器会把表头显示为粗体居中的文本
tr	定义表格的行。对于每个表格行,都对应一对 <tr > </tr > 标签
td	定义表格单元格。一个单元格对应一对 <td > </td >,单元格中可以是文字、图像或其他对象
thead	定义表格的页眉
tbody	定义表格的主体

续表

元　素	说　明
tfoot	定义表格的页脚
col	定义列属性
colgroup	组合表格列

实例 2-8 中的网页浏览效果如图 2-6 所示。实例中创建的表格只有行和列,但是没有边框线、背景等。如果要控制表格的显示效果,需要了解表格元素的属性设置。

学生考试成绩

姓名	计算机基础	网页设计
张涵	80	95
李明	82	93
王红	98	70
平均分	86.67	86

图 2-6　学生成绩表

1. table 元素常用属性

table 元素用于定义网页中的表格。设置 table 元素的属性,可以控制表格在网页中的对齐方式、表格大小,表格边框线的宽度、表格的背景等。表 2-7 是 table 元素的常用属性。

表 2-7　table 标签常用属性

属　性	说　明	示　例
align	设置表格相对于周围元素的对齐方式(左、居中、右)。不推荐使用,建议使用样式代替	align = "center"
border	设置表格边框的宽度	border = "3"
cellpadding	设置单元格边框与其内容之间的空白,其值可以是具体像素值,也可以是百分比	cellspacing = "10"
cellspacing	设置单元格之间的空白,其值可以是具体像素值,也可以是百分比	cellpadding = "20"
frame	设置表格外侧边框的哪个部分是可见的	frame = "void"
rules	设置表格内侧边框的哪个部分是可见的	rules = "all"
width	设置表格的宽度,其值可以是具体值,也可以是百分比	width = "500"

例如：

<table width ="500" border ="3" align ="center" cellpadding ="20" cellspacing ="10">

显示效果如图 2-7 所示。

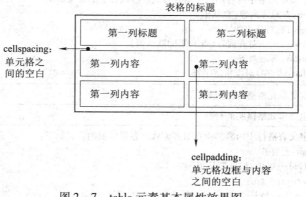

图 2-7　table 元素基本属性效果图

各属性在表格中的体现都很简单直观。需要注意分清 cellspacing 和 cellpadding 两个属性，cellpadding 属性规定单元格边框与其内容之间的空白，cellspacing 属性规定单元格之间的空白。

尽管利用 table 元素的属性可以实现一些格式化表格的效果，但这样设置不符合网页中表现与结构相分离的设计理念，W3C 也不推荐使用属性实现表格格式化。了解表格基本属性后，要实现更丰富的表格格式化效果，可以结合后面 CSS 的知识实现。

> **提示：**
> border 属性设置的表格边框只会影响表格四周的边框，不能影响单元格的边框。border、bordercolor、frame、rules 属性在不同的浏览器，浏览效果不同。因而不建议使用，需要设置相关样式，可以使用 CSS 进行设置。

2. tr 元素常用属性

tr 元素用于定义 HTML 表格中的行。tr 元素包含一个或多个 th 或 td 元素。一对 <tr> </tr> 标签表示一行。tr 元素常用属性如表 2-8 所示。

表 2-8 tr 元素常用属性

属性	说明
align	定义表格行中内容的水平对齐方式。各属性值的含义如下： left：左对齐内容（默认值） right：右对齐内容 center：居中对齐内容（th 元素的默认值） justify：两端对齐 char：将内容对准指定字符
valign	定义表格行中内容的垂直对齐方式。各属性值的含义如下： top：上对齐 middle：居中对齐（默认值） bottom：下对齐 baseline：与基线对齐

3. th 和 td 元素常用属性

th 和 td 元素的常用属性如表 2-9 所示。

表 2-9 th 和 td 元素常用属性

属性	说明
align	定义单元格中内容的水平对齐方式。各属性值的含义如下： left：左对齐内容（默认值） right：右对齐内容 center：居中对齐内容（th 元素的默认值） justify：两端对齐 char：将内容对准指定字符
colspan	定义单元格横跨的列数
rowspan	定义单元格横跨的行数
valign	定义表格行中内容的垂直对齐方式。各属性值的含义如下： top：上对齐 middle：居中对齐（默认值） bottom：下对齐 baseline：与基线对齐

第 2 章 HTML 基础

如果需要将内容横跨多个行或列,使用 rowspan 或 colspan 属性。合并单元格时,只能对连续的单元格进行合并,不能对非连续的单元格进行合并。合并单元格后,原单元格中的内容将组合为一组,放在合并后的单元格中。

【实例 2-9】表格单元格的合并(实例文件 ch02/09.html)。

在这一实例中,对表格中的某些行和列进行合并,制作不规则表格。网页效果如图 2-8 所示。

某品牌服装第一季度全国销量（件）		
北京	一月	625,230
	二月	546,114
	三月	640,456
上海	一月	604,780
	二月	789,123
	三月	590,012

图 2-8　单元格合并及对齐设置

实现代码如下:

```
<table width ="500" border ="1" cellspacing ="0" cellpadding ="0" align ="center">
  <tr align ="center">
    <td colspan ="3" align ="center">某品牌服装第一季度全国销量(件) </td>
  </tr>
  <tr align ="center">
    <tdrowspan ="3">北京 </td>
    <td>一月 </td>
    <td>625,230 </td>
  </tr>
  …
  <tr align ="center">
    <td rowspan ="3">上海 </td>
    <td>一月 </td>
    <td>604,780 </td>
  </tr>
  …
</table>
```

本例中的几点说明:

①cellspacing =0,设置单元格间距为 0,相邻单元格的边框线叠在一起,看上去像一根线。cellspacing 的默认值不为 0,默认情况下,单元格之间有空白。

②在 cellspacing =0,border =1 的情况下,因为上下两个 1 像素的边框叠加在一起,单元格边框显示出来的实际宽度是 2。如果要实现 1 像素的边框,可以在 table 标签中加入 css 的"border - collapse"属性:style = "border - collapse:collapse"。

③colspan ="3" 表示跨越 3 列,即合并 3 个单元格。同理,rowspan ="3",表示跨越 3 行。

④align 属性用于 table、tr、td 元素时,功能有所不同。当 align 属性用于 table 元素时,用于实现表格在页面中的对齐方式。当 align 属性用于 tr、th、td 元素时,用于实现内容在相应行或单元格中的对齐方式。

2.9 div 容器

我们平时接触的网页,之所以看起来整齐有序,是因为在每一个网页中,都存在大量的看不见的"容器"元素,把标题、段落、图像等装在里面。最简单的情况下,整个网页只有一个容器元素。复杂的情况下,一个网页是由许多容器元素以及装在容器元素中的其他网页元素或容器元素组成的,如图 2-9 所示。

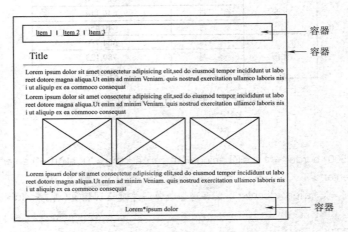

图 2-9 包含多个容器元素的网页

div 元素在 HTML5 之前是最常用的容器元素,它本身没有任何语义,对其包含的内容没有任何影响,如需要设置内容样式,必须要结合 CSS 样式实现。div 是块级元素,它后面的元素会自动在下一行显示。有关块级元素的概念将在第 6 章详细讲解。使用 div 元素作为容器后,网页的结构如下所示:

```
<div>
    <h1>…</h1>
    <p>…</p>
    <p>…</p>
  <ul>
    <li>…</li>
    <li>…</li>
  </ul>
</div>
```

2.10 HTML5 语义结构元素

在 HTML4.01 时,用 div 元素加上为其定义的 CSS 样式来定义网页布局结构。为了使文档结构更加清晰明确,更易阅读,HTML5 增加了很多语义结构元素。HTML5 提供的文档结构元素主要有 header、article、section、nav、aside、footer 等。合理地使用这些结构元素,有助于搜索引擎更好地理解网页文档,提高搜索结果的准确度。

HTML5 新增的结构元素及其含义如表 2-10 所示。

表2-10　HTML5新增语义结构元素

结构元素	说　　明
header	header元素放置在网页文件的顶端或章节内容（section）的上方。用于定义页面或内容区域的引导性的信息，如页面的logo、导航栏、搜索框等或者内容区域的标题、作者、发布日期等内容
nav	用于定义网页中的的导航链接部分，可以定义指向其他页面的超链接，或是网站内的导览目录链接栏，如网页中含有"上一页""下一页"的导览按钮或超链接
article	用于定义页面中一块与上下文不相关的独立内容，如一个帖子、一篇博客文章、一段用户评论或一个独立的插件等； article元素内可以再放置section元素来表现该内容块的章节内容，或是在section元素内再放置article元素
section	用于对页面的某部分内容进行分块，如将该部分内容进一步分成章节的标题、内容和页脚等几块，因此，section元素可视为一个区域分组元素
aside	用于表示当前页面或文章的附属信息部分，它可以包含与当前页面或主要内容相关的引用、侧边栏、广告、导航条等内容，通常用来定义侧边栏内容
footer	用于定义页面或某篇文章的页脚，它可以包含与页面、文章或部分内容有关的信息，如：版权信息、文章的作者或日期等

article元素可以看成是一种特殊型的section元素，它有着自己完整的、独立的内容，比section元素更强调内容的独立性。section元素强调分块或分段。

aside元素主要有以下两种使用方法：

（1）包含在article元素中作为主要内容的附属信息部分，其中的内容可以是与当前文章有关的参考资料、名词解释等。

（2）在article元素之外使用，作为页面或网站全局的附属信息部分。典型的形式是侧边栏，其中的内容可以是友情链接、博客中其他文章列表或广告单元等。

【实例2-10】用HTML5语义结构元素实现网页（实例文件ch02/10.html）

在一这实例中，用HTML5的语义结构元素定义网页结构。

```
<body>
<header>
<img src="images/top.jpg"   width="100%"/>
<h1   align="center">中国二十四节气</h1>
</header>
<article class="clearfix">
<section id="jqsong">
春雨惊春清谷天…
</section>
<section>
<p>远在春秋时期,… </p>
…
</section>
<aside> <img src="images/aside.jpg" width="200" height="128"/> <p align="center">二十四节气</p>
…
```

```
</aside>
</article>
<footer>内容节选自百度百科</footer>
</body>
```

结合将在第3章学习的CSS,网页效果图如图2-10所示。

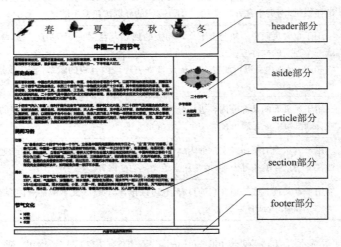

图2-10　HTML5语义结构元素定义的网页

提问:

何时使用div元素?
①如果是页面布局,且不是header、footer之类的专属区域,都应该使用div元素;
②如果只是单纯的对一段内容进行CSS样式定义,应该使用div元素;
③如果想对一段内容进行JS控制,应该使用div元素。

2.11　文档对象模型

文档对象模型(Document Object Model,即DOM),定义了访问和操作HTML文档的标准方法。具体操作方法将在第11章中讲解,本章只讲解DOM的结构。根据W3C HTML DOM标准,HTML文档中的所有内容都是结点,所有结点组成一个树状结构,如图2-11所示。

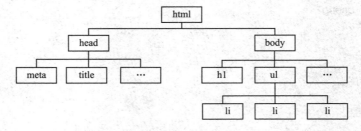

图2-11　HTML DOM 树状结构

文档树就像家族树一样,树中的结点彼此拥有层级关系。在结点树中,顶端结点称为根结点。

如图 2-11 中的 html 为根结点。一个结点的祖先指任意相连但是在该结点上面的结点。如图 2-11 中 html、body、ul 都是结点 li 的祖先。后代指任意相连但是在该结点下面的元素。如 ul、li 都是结点 body 的后代。父元素指相连并且直接在该元素上面的元素。如 ul 的父元素为 body 元素。子元素指相连并且直接在该元素下面的元素。如 ul 是 body 的子元素，但不是 html 的子元素，但是 html 的后代元素。兄弟元素指与其他元素共享一个父辈的元素。如图 2-11 中的 head 与 body 是兄弟元素，meta 与 title 是兄弟元素。

思考与练习

一、判断题

1. title 元素对于网页来说可有可无。　　　　　　　　　　　　　　　　　　　(　　)
2. XHTML 的语法更加严格。　　　　　　　　　　　　　　　　　　　　　　(　　)
3. HTML5 中新增了许多标签，用于增强网页结构的语义性。　　　　　　　　(　　)
4. 网页中的注释信息也会被网站访问者从网页中看到。　　　　　　　　　　(　　)
5. table 元素的 width 属性只能使用绝对大小，不能使用百分比。　　　　　　(　　)
6. 同一属性同时用于 table、tr、td 元素，优先级最高的是 table 元素。　　　　(　　)
7. HTML5 中 footer 元素用于定义章节或文档的页脚信息。　　　　　　　　　(　　)

二、单选题

1. 以下(　　)用于创建网页中最大的标题。
   A. < h1 > </h1 >　　　　　　　　　　B. < h6 > </h6 >
   C. < h type = "largest" > </h >　　　　D. < title > </title >
2. 以下(　　)使文字左右两边有缩进。
   A. < ul > </ul >　　　　　　　　　　B. < blockquote > </blockquote >
   C. < p > </p >　　　　　　　　　　　D. < strong > </strong >
3. 以下(　　)表示无序列表或有序列表中的列表项。
   A. < item > </item >　　　　　　　　B. < li > </li >
   C. < dd > </dd >　　　　　　　　　　D. < dt > </dt >
4. 以下(　　)表示网页中的版权符号。
   A. ©　　B. ®　　C. <　　D. >
5. 表格由(　　)元素来定义。
   A. td　　　　B. bg　　　　C. list　　　　D. table
6. (　　)用于定义表格中的行。
   A. td　　　　B. th　　　　C. tr　　　　D. row
7. table 元素的(　　)属性用于定义表格单元格边框与内容之间的空白。
   A. cellspacing　　B. cellpadding　　C. frame　　D. align
8. HTML5.0 中(　　)常用于页面中的导航信息。
   A. section　　B. article　　C. nav　　D. header

三、思考题

1. HTML 文档的基本结构是什么？
2. 在网页中，应该把什么特征的段落设置为标题？
3. 无序列表和有序列表有什么区别？

4. 在网页中如何输入特殊字符？

四、操作题

1. 完成图2-12所示的网页。

二十四节气

春雨惊春清谷天，夏满芒夏暑相连。秋处露秋寒霜降，冬雪雪冬小大寒。
每月两节不变更，最多相差两天。上半年逢六廿一， 下半年逢八廿三。

历史由来

远在春秋时期，中国古代先贤就定出仲春、仲夏、仲秋和仲冬等四个节气，以后不断地改进和完善，到秦汉年间，二十四节气已完全确立。农历二十四节气这一非物质文化遗产十分丰富，其中既包括相关的谚语、歌谣、传说等，又有传统生产工具、生活器具、工艺品、书画等艺术作品，还包括与节令关系密切的节日文化、生产仪式和民间风俗。二十四节气是中国古代农业文明的具体表现，具有很高的农业历史文化的研究价值。2011年6月入选第三批国家级非物质文化遗产名录。

二十四节气列入"非遗"，有利于提升这些节气的知名度、保护其文化内涵。对二十四节气及其蕴含的优秀文化，如效法自然顺应自然利用自然的观念，天人合一的智慧，及中国人对宇宙、自然的独特认识，要进行认真研究、探讨，以期有助于当今社会；对延续、传承几百万至上千年的一些民俗文化事项，如九华立春祭、壮族霜降节、苗族赶秋节，积极挖掘符合时代的内容，使其随时代而行，与时代同频共振，引领、激发广大民众感恩生活、凝聚族亲，为我们的时代奏出更加华美的精彩乐章。

民间习俗

立春
"立"春是农历二十四节气中第一个节气。立春是中国民间重要的传统节日之一。"立"是"开始"的意思，自秦代以来，中国就一直以立春作为孟春时节的开始。所谓"一年之计在于春"，春是温暖，鸟语花香；春是生长，耕耘播种。立春后气温回升，春耕大忙季节在全国大部分地区陆续开始。中国传统将立春的十五天分为三候："一候东风解冻，二候蛰虫始振，三候鱼陟负冰"，说的是东风送暖，大地开始解冻。立春五日后，蛰居的虫类慢慢在洞中苏醒，再过五日，河里的冰开始溶化，鱼开始到水面上游动，此时水面上还有没完全溶解的碎冰片，如同被鱼负着般浮在水面。

雨水
雨水，是二十四节气之中的第2个节气，位于每年正月十五前后(公历2月18—20日)，太阳到达黄经330。此时，气温回升、冰雪融化、降水增多，故取名为雨水。雨水节气一般从2月18日或19日开始，到3月4日或5日结束。雨水和谷雨、小雪、大雪一样，都是反映降水现象的节气。雨水前，天气相对来说比较寒冷。雨水后，人们则明显感到春回大地，春暖花开和春满人间，沁人的气息激励着身心。

......

节气文化
- 诗歌
- 对联
- 农谚

版权所有ⓒ中国传媒大学

图2-12 实例效果图

操作提示：

①网页标题为"二十四节气简介"。

②为网页添加合适的关键字和描述。

③第一行"二十四节气"为一级标题，并设置其居中对齐。

④"历史由来""民间习俗""节气文化"为二级标题。

⑤"春雨惊春……下半年逢八廿三"放在blockquote及p元素中，并设置p元素的对齐方式为居中。

⑥"立春……雨水……"相关内容为定义列表。

⑦"诗歌""对联""农谚"为无序列表。

⑧添加水平分隔线，可通过设置hr元素的属性，改变分隔线的粗细、长度及颜色。

⑨添加版权信息并设置其居中对齐。

2. 制作自己本学期的课表。

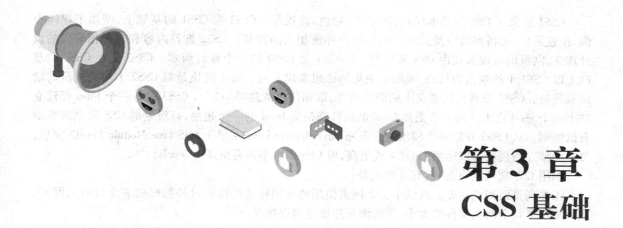

第 3 章 CSS 基础

◎ **教学目标：**

通过本章的学习，理解 CSS 在网页中的作用，掌握 CSS 的语法格式、CSS 样式的定义及应用。

◎ **教学重点和难点：**

- CSS 样式在网页中的作用
- CSS 样式的语法
- CSS 选择器
- 在 HTML 中应用 CSS 的方式

在 HTML 技术发展的初期，HTML 既担任网页结构的实现又担任网页美化的工作。例如，用元素的 background 属性实现背景样式的定义，用 font 元素实现有关字体的定义，用 center 元素实现内容水平居中。如果网页内容比较多，通过这种方式实现的网页文档就会非常臃肿，缺乏语义，难以维护。随着 CSS 技术的发展，网页展现的工作可以由 CSS 样式来实现。这样我们可以用 HTML 元素实现网页结构，用 CSS 样式实现网页表现，多个元素可以使用相同的 CSS 样式定义。利用 HTML + CSS 技术实现网页，网页风格统一，文档代码简练，语义清晰，易于维护更新。

3.1 CSS 基本概念

3.1.1 基本概念

CSS(Cascading Style Sheets,层叠样式表)是用于描述网页展现(颜色、布局、字体等)的一种语言。CSS 规则告诉浏览器如何去渲染 HTML 页面上的特定元素。

1994 年，HakonWium Lie 首次提出了 CSS 的概念。1996 年，CSS1 正式成为 W3C 的推荐标准。随着 1998 年 CSS2 和 2004 年 CSS2.1 规范的推出，CSS 逐步成熟并得到了普遍的应用。自 2002 起，CSS3 不同模块的规范不断推出。

CSS1 定义了 CSS 的基本样式,如字体、颜色、背景等。CSS2 在 CSS1 的基础上,增加了媒体查询、位置定位,表格布局以及其他一些与用户界面相关的特征。CSS2 推荐内容和表现相分离的设计理念,网页的表现形式由 CSS 来控制。CSS2.1 是 CSS2 的一个修订版本。CSS3 是在 CSS2 的基础上以 CSS2.1 的规范为核心,采用模块化的思想来建立的。每个模块是对 CSS2.1 相关规范的增加或替换。CSS3 没有传统意义上的版本概念,取而代之的是"levels"。CSS3 的每一个 level 都建立在上一个 level 之上。每一个更高 level 的属性都是低 level 的一个超集,高级别的 CSS 完全兼容所有低级别。从 CSS3 开始每个模块独立发布,如 Selectors Level 4 早于 CSS Line Module Level3 完成。每一个独立的模块可以达到 Level 4 或更高,但 CSS 语言不再有更高的 levels。

利用 CSS 实现网页展现,有许多优势:

①提高页面浏览速度。网站中多个网页使用的通用样式可以通过外部样式表文件引入网页,从而减小了每个网页文件的大小,页面浏览速度也得以提高。

②有利于网页的维护与更新。对网页样式的更新不影响网页内容,更新样式文件,所有使用了该样式的网页得以更新。

③能够对网页的布局、字体、颜色、背景等图文效果实现更加精确的控制。

3.1.2　CSS 的基本语法

CSS 规则由选择器和声明两部分组成。选择器是样式的名称,指定受此规则影响的页面上的元素。声明是对选择器的定义,由一对花括号"{ }"以及其中的内容组成,用以告诉浏览器如何去渲染页面上被选中的元素。CSS 规则的语法如下:

selector {declaration1;declaration2;...declarationN}

其中,selector 为选择器,用来选择需要被改变样式的 HTML 元素,如 p、h1、类名称或 ID 名称。declaration 为声明,每条声明由一个属性和一个值组成,属性和值之间用冒号":"分隔,不同的声明之间用分号";"分隔,所有的声明放在左花括号"{"和右花括号"}"之间。例如,将 h1 元素样式设置为"蓝色,18 像素"。具体 CSS 规则如图 3-1 所示。

图 3-1　h1 元素样式定义

为了提高可读性,可以把每个声明单独放在一行,并使用缩进的形式,如下:

h1{
　color:blue;
　font-size:18px;
}

下面介绍 CSS 规则定义时的一些基本知识。

1. CSS 中的单位

在 CSS 中,单位可分为两类:绝对单位和相对单位。

(1) 绝对单位

绝对单位用于设置绝对大小,在任何分辨率的显示器下,大小都一样,不会发生改变。常用的绝对单位如表 3-1 所示。

表 3-1　CSS 绝对单位

单　位	说　　　明
in（英寸）	英美制长度单位，1 in = 2.54 cm
cm（厘米）	长度计量单位
mm（毫米）	长度计量单位
pt（磅）	标准的印刷度量单位，广泛应用于打印机、文字处理程序，1 pt = 1/72 in
pc（pica）	印刷度量单位，1 pc = 12 pt

（2）相对单位

相对单位是相对于当前元素的字号（font-size）或者视口（viewport）的尺寸而言的。常用的相对单位如表 3-2 所示。

表 3-2　CSS 相对单位

单　位	说　　　明
px	像素，相对于显示器的屏幕分辨率
em	相对于当前元素的字体大小。例如，line-height:1.2em 表示行高为当前元素的字体大小的 1.2 倍
rem	相对于默认基础字体的大小，继承字体大小不起作用
ex	相对于当前元素小写字母 x 高度的大小
%	相对于父级元素的百分比
vw, vh	vw 是视口（viewport）宽度的 1/100，vh 是视口高度的 1/100

> 提示：
> ①浏览器默认字体大小是 16 px。1em 默认大小是 16 px。如果父元素的大小设置了不同的值，em 的大小也会跟着变化。
> ②视口指用户网页的可视区域。

2. CSS 的注释

用户可以在 CSS 中插入注释来说明代码的功能及其他相关信息。合理、适当的注释有利其他人在维护代码时对代码的理解。注释内容在网页预览时不会显示在浏览器中。

CSS 注释以"/*"开头，以"*/"结尾。如：

/* 下面是对 h1 元素样式的重定义 */

3.2　CSS 选择器

CSS 选择器用来确定把样式应用到网页中的哪个或哪些元素上。利用 CSS 选择器，可以精确选择要格式化的元素。常用的选择器有简单选择器、选择器组和组合选择器、伪类和伪元素选择器、属性选择器等。

3.2.1 简单选择器

1. 类型选择器

HTML 中的元素都有默认的样式,如果需要修改元素默认的样式,可以使用类型选择器(又名元素选择器)。类型选择器用来定义指定元素的样式。类型选择器的名称只能是 HTML 的元素,不能自定义名称。在网页中定义类型选择器后,所有该类型的元素均会采用新的样式。

类型选择器的语法格式如下:

```
tagName{property:value;property:value;…}
```

其中,tagName 是元素的名称,property 是 CSS 属性名称,value 是属性值。

【实例3-1】定义 h2 类型选择器(实例文件 ch03/01.html)。

在这一实例中,定义 h2 元素的字体和颜色。

```
h2{
font-family:"黑体","微软雅黑","宋体";
color:#900;
}
```

效果如图 3-2 所示。

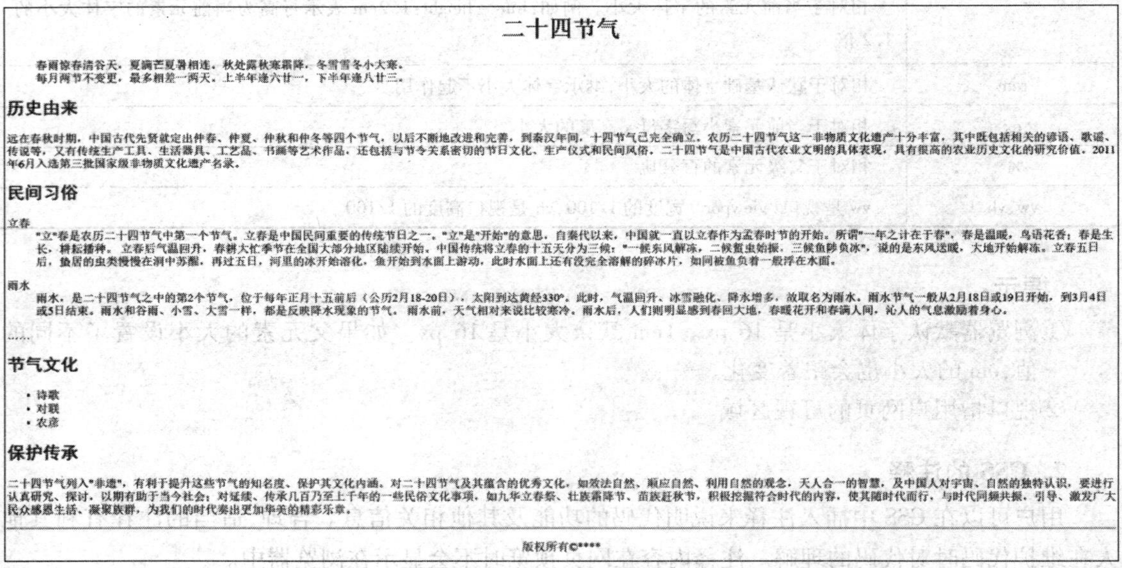

图 3-2 h2 元素样式效果图

所有 h2 元素中的内容"历史由来""民间习俗""节气文化""保护传承"的字体及颜色都发生了改变。如果不需要修改网页中所有 h2 元素的样式,请不要使用类型选择器,可以使用下面将要学习的类选择器或 ID 选择器。

2. 类选择器

通过类选择器可以把样式应用于被 class 属性限定的 HTML 元素。类选择器在网页中可以应用多次。类选择器以半角"."开头,类名称由用户自定义,并且类名称的第一个字母不能为数字。最好不要用 HTML 元素或属性作为类名,以免与类型选择器或属性选择器混淆。例如,".h1"".p"

".background"都是不恰当的类名称。

类选择器的语法格式如下：

.className{property:value;property:value;…}

【实例3-2】定义类选择器（实例文件ch03/02.html）。

在这一实例中，利用类选择器定义文字的字体及行高。

```
.fontStyle{
font:18px "微软雅黑","黑体","宋体";
line-height:2;
}
```

类选择器定义好以后，需要用class属性将类样式应用于相关元素。如将上面的样式应用于段落：

```
<blockquote><p class="fontStyle">春雨惊春清谷天……</p></blockquote>
<p class="fontStyle">远在春秋时期,……</p>
```

网页中的多个元素可以使用相同的类样式，单个元素也可以加载多个类样式。单个元素加载多个类样式时，类选择器的名称之间用空格分隔。如：

```
<p class="fontStyle palign">春雨惊春清谷天……</p>
```

表示这个段落应用了类样式fontStyle和palign。

网页效果如图3-3所示。

扫一扫

实例3-2

图3-3 类选择器应用效果图

3. ID 选择器

HTML文档中，元素的id属性可以对其进行唯一性标识，ID选择器可以唯一地选择这样的元素。ID选择器以"#"开头，并且ID名称的第一个字母不能为数字。最好不要用HTML元素或属性作为ID选择器的名称，以免混淆。例如，把ID样式命名为#h1、#p、#background都是不恰当的。ID选择器的语法格式如下：

```
#ID{property:value;property:value;…}
```

【实例3-3】定义ID样式(实例文件ch03/03.html)。

在这一实例中,将网页中的3个div元素的id分别命名为header、container和footer。并定义相应的ID选择器样式。如定义ID选择器#header的样式:

```
#header{
width:1000px;
margin:0 auto;
padding:10px;
}
```

因为#header、#container、#footer的样式一样,也可以用后面讲到的选择器组进行定义。

浏览网页,观察应用样式前后网页的变化。上面实例中是先指定元素的id名称,再定义ID选择器。也可以先定义ID选择器的样式,再将样式应用到网页上的元素,应用时需要用元素的id属性指定相关ID选择器。由于HTML元素的id在页面中是唯一的,因此ID选择器在网页中只能应用一次,而且一个元素不能应用两个ID选择器的样式。

3.2.2 选择器组和组合选择器

CSS中提供了选择器组来支持同时定义多个选择器,并且基于元素之间的相互关系,CSS提供了将多个选择器组合在一起来对元素进行选择的方法。

1. 选择器组

当多个选择器具有相同的声明时,可以采用选择器组的形式来定义。定义选择器组时,多个选择器之间用逗号","分隔。例如:

```
h1,h2,h3{
    color:blue;
    font-size:18px;
}
```

上述代码表示把h1、h2、h3元素设置为相同的样式。

2. 后代选择器

如果需要设置具有特定上下级关系的某一元素的样式,可以通过后代选择器(Descendant Selectors)进行选择。

后代选择器的语法格式如下:

```
selectorA selectorB{property:value;property:value;…}
```

其中,selectorA、selectorB可以是类型选择器、类选择器、ID选择器中的任意一种。selectorA和selectorB之间用空格分隔。后代选择器表示选择selectorA的所有下级selectorB元素,selectorB可以是selectorA的子元素或子元素的子元素。

【实例3-4】定义后代选择器(实例文件ch03/04.html)。

在这一实例中,将图3-4所示的HTML DOM结构中#container中的所有p元素设置为首行缩进2字符,行距为1.5倍。

```
#container p{
    text-indent:2em;
    line-height:1.5;
}
```

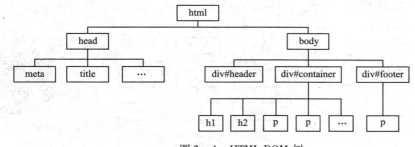

实例3-4

图3-4　HTML DOM 树

后代选择器的使用可大大减少网页设计中 class 或 id 的声明,因此在构建 HTML 网页时通常对外层元素定义 class 或 id,内层的元素则通过后代选择器来定义样式。

如图3-4所示的 HTML DOM 树中,需求不同,定义时可选用的选择器也不一样。

①如果要选择页面中的所有 p 元素,则应使用 p 类型选择器。

②如果要选择页面中部分 p 元素(如选择#container 中的第二段、第三段及#footer 中的第一段),则应定义类选择器,然后将类样式应用于相应段落。

③如果要在页面中选择唯一的元素(如#header、#container、#footer),应使用 ID 选择器。

④如果要选择#footer 中的 p 元素,则应使用后代选择器。

3. 子元素选择器

子元素选择器用来选择元素的直接后代元素。子元素选择器的语法格式如下:

selectorA > selectorB{ property:value; property:value;…}

其中,selectorA 和 selectorB 之间用" > "分隔,表示选择 selectorA 元素的直接后代 selectorB 元素。

【实例3-5】理解子元素选择器与后代选择器的不同(实例文件 ch03/05.html)。

通过本实例,理解子元素选择器与后代选择器的不同。本实例的 HTML DOM 结构如图3-5所示。

```
<style>
    p > strong {
    color:#00C;
}
</style>

<body>
    <p>网页设计与制作<strong>第一章</strong></p>
    <p>网页设计与制作<em><strong>第二章</strong></em></p>
    <p>网页设计与制作<em><strong>第三章</strong></em></p>
</body>
```

浏览网页,可以看到只有"第一章"几个字是蓝色。

"p > strong"表示选择 p 元素的直接后代 strong 元素,而"第二章""第三章"所在的元素为 p 的子元素 em 的子元素 strong,不是 p 元素的直接后代。修改"p > strong"为"p strong"会发现"第一章""第二章""第三章"均以蓝色显示。这是因为"p strong"后代选择器表示选择 p 元素的所有后代 strong 元素。

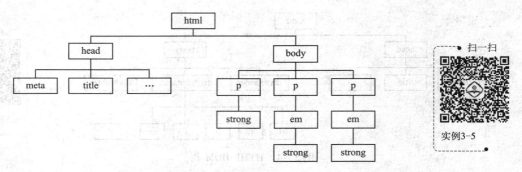

图3-5 HTML DOM 树

> **提示：**
>
> 选择器小结：
> ①如果要选择使用某个元素的所有内容，应使用类型选择器，如 h1{……}
> ②如果要选择 HTML 中唯一的一个元素，应使用 ID 选择器，如#footer{……}
> ③如果要选择 HTML 中多个某一类别的元素，应使用类选择器，如.fs{……}
> ④如果要选择 HTML 中具有上下级关系的元素，应使用后代选择器，如#container p{……}

3.2.3 伪类和伪元素选择器

伪类和伪元素选择器不是选择元素，而是元素的某些部分，或仅在某些特定上下文中存在的元素。

1. 伪类选择器

一个 CSS 伪类(pseudo-class)是一个以冒号":"作为前缀，被添加到一个选择器末尾的关键字。当希望样式在特定状态下才被应用到指定的元素时，可以在元素的选择器后面加上对应的伪类。例如，当鼠标指针悬停在元素上面时，或者当一个复选框被禁用或被勾选时，或者当一个元素是它在 DOM 树中父元素的第一个子元素时。

伪类选择器的语法格式如下：

selector:pseudo-class{property:value;property:value;…}

其中，selector 和 pseudo-class 名称之间用冒号分隔。

伪类有很多，常用的伪类选择器如表3-3所示。

表3-3 伪类选择器

伪类选择器	说明	示例
:link	表示没有被访问过的超链接	a:link
:visited	表示已经被访问过的超链接	a:visited
:hover	表示当鼠标指针悬停在元素上时	a:hover
:active	表示当元素被用户激活时，如当用户单击超链接但是还没有释放鼠标按键时	a:active
:focus	表示当元素获得焦点时	input:focus
:checked	表示当元素被选择时	input:checked

续表

伪类选择器	说明	示例
:first-child	表示一组兄弟元素中的第一个元素	p:first-child
:nth-child(an+b)	首先找到所有当前元素的兄弟元素,然后按照位置先后顺序从 1 开始排序,选择的结果为第(an+b)个元素的集合	tr:nth-child(2n+1)

其中,:link、:visited、:hover与:active伪类经常被用来设置超链接不同状态下的样式,它们的详细使用将在第5章中进行讲解。

2. 伪元素选择器

伪元素选择器与伪类选择器很像,都是加在选择器后面表示选择某个元素的某个部分的关键字,如表3-4所示。

表3-4 伪元素选择器

伪元素选择器	说明	示例
::first-letter	选择元素的首字母	p::first-letter
::first-line	选择元素首行	p::first-line
::before	在元素前添加内容	p::before
::after	在元素后添加内容	p::after

【实例3-6】首字母伪元素选择器(实例文件 ch03/06.html)。

在这一实例中,设置段落首字是普通文字的3倍大小,效果如图3-6所示。

```
p::first-letter {
    font-size:300%;
}
```

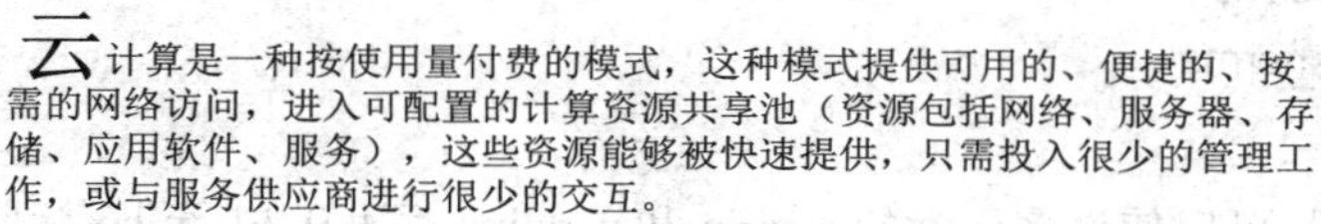

云计算是一种按使用量付费的模式,这种模式提供可用的、便捷的、按需的网络访问,进入可配置的计算资源共享池(资源包括网络、服务器、存储、应用软件、服务),这些资源能够被快速提供,只需投入很少的管理工作,或与服务供应商进行很少的交互。

图3-6 首字母伪元素效果

【实例3-7】利用伪元素选择器在元素前后添加内容(实例文件 ch03/07.html)。

在这一实例中,在h2元素的前面自动加上"第",在后面自动加上"章"。

```
<style>
    h2::before {
        content:"第";
    }
    h2::after {
        content:"章";
    }
```

```
</style >

<body >
    <h2 >1 </h2 >
    <h2 >2 </h2 >
    <h2 >3 </h2 >
</body >
```

CSS3 以前版本对伪类及伪元素选择器的写法都只是单冒号,而 CSS3 为了更好地区分开伪类及伪元素,规定对伪元素使用双冒号的写法。为了兼容不支持 CSS3 这种特性的浏览器,可以使用单冒号的写法。

除了以上介绍的选择器,CSS 中还提供了一个特殊的选择器:通配符选择器。通配符选择器是一个"*"号,它可以选择网页中的所有元素。例如,设置网页中所有元素的填充和边界均为0:

```
* {
    padding:0;
    margin:0;
}
```

在早期,通配符选择器主要用来对网页中元素的样式进行重置,从而得到一个一致的、跨浏览器的 CSS 设置的基础。但是,由于通配符选择器能够匹配网页中的所有元素,因此存在一定的性能问题。在目前许多互联网上的 CSS 框架中,提供了成熟的进行 CSS 重置的样式定义。例如,在YUI 框架中,提供了如下的 CSS 重置定义:

```
body, div, dl, dt, dd, ul, ol, li, h1, h2, h3, h4, h5, h6, pre, code, form, fieldset, legend, input,
button, textarea, select, p, blockquote, th, td {
    margin:0;
    padding:0;
}
h1, h2, h3, h4, h5, h6 {
    font-size:100%;
    font-weight:normal;
}
```

通过这样的重置,可以使许多元素的 margin 和 padding 都为0,h1 至 h6 标题的文字大小和加粗方式都恢复为正常状态。

3.3 在 HTML 中应用 CSS

根据 CSS 作用范围的不同,在网页中使用 CSS 有3种方式:行内样式(内联样式)、内部样式和外部样式。

3.3.1 行内样式

在 HTML 元素的 style 属性中定义 CSS 样式,这种方式被称为行内样式(或称内联样式)。通过这种方式,可以对某个元素单独进行样式的定义。例如:

```
<p style ="background-color:blue" >CSS 的作用及优点 </p >
```

行内样式只能作用于单个元素,并且也不符合网页设计中表现与内容相分离的设计理念,因此,应尽量避免使用行内样式的方式来应用样式。

3.3.2 内部样式

内部样式是指将 CSS 样式添加在 < head > 与 </head > 标签之间,用 < style > 与 </style > 标签表明内部样式声明的开始与结束,如图 3 – 7 所示。

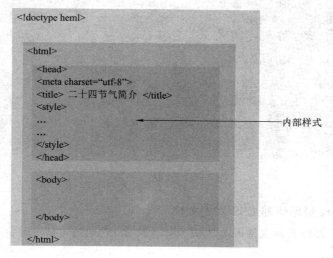

图 3 – 7 内部样式的定义

在 style 元素中可以定义任意多个 CSS 样式,这些样式可以在当前页面的任意地方使用。例如,定义了类型选择器,则对当前页面中的所有该元素都会产生作用;定义了类选择器,可以在当前页面多次使用该类样式。

3.3.3 外部样式

当网站中有多个网页,需要采用统一的样式时,可以采用外部样式。外部样式是指一系列存储在一个单独的外部 CSS(扩展名为". css")文件中的 CSS 规则。引入外部样式文件,即可应用在文件中定义好的样式。引入外部样式文件有两种方式,一种是利用 link 元素引入外部 CSS 样式文件,另一种是利用@ import 命令引用外部样式。

1. 利用 link 元素引用外部 CSS 样式文件

利用 link 元素引用外部样式,如图 3 – 8 所示。

link 元素位于 html 文档的 head 元素内。网页中可以通过多个 link 元素,引入多个外部样式。link 元素为空元素,无结束标签。link 元素常用属性如表 3 – 5 所示。

表 3 – 5 link 元素属性值

属　性	说　明
href	指定样式表文件的位置,可以使用相对路径或绝对路径。
rel	指定当前文档与链接文档之间的关系,如 alternate、author、icon、license、next、prev、search、stylesheet 等。当链接文件为 CSS 文件时,此值应指定为"stylesheet"
type	指定链接文档的媒体类型

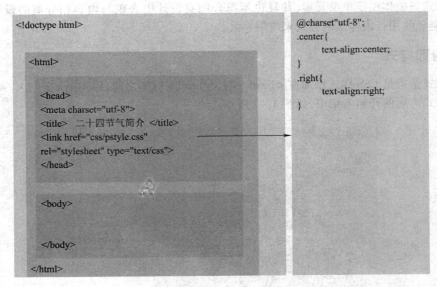

图 3-8 引用外部样式

2. 利用 @import 引用外部 CSS 样式文件

另外一种使用外部样式表文件的方式称为导入样式,它通过 @import 导入外部样式表,其格式为:

```
<style type="text/css">
    @import url("style.css");
</style>
```

其中,@import 是 CSS 中的指令,它只能出现在 <style> 与 </style> 标签中或 CSS 样式表文件中。

提示:

媒体类型(是 MIME 规范的一部分)由两部分组成,用来指定传送到网络上的文件类型和子类型。常用的 type 值有 application、audio、example、font、image、message、model、multipart、text 及 video。本书中用到的媒体类型如下所示:

媒体类型	作用对象的资源类型	扩展名
text/plain	纯文本文件	.txt
text/HTML	HTML 网页	.html、.htm
text/css	层叠样式表	.css
text/javascript	JavaScript 程序	.js

3.4 使用 CSS 控制文字样式

通过 CSS,可以对文本进行精确控制,如设置字体、字号、粗细、对齐、间距等。

3.4.1 文字字体

西文中,字体可分为衬线(serif)体和无衬线(sans serif)体两大类。衬线体一般通过末端加强的方式实现粗细变化,以改善小号文字的可读性。衬线字体如图 3-9 所示。

图 3-9　Georgia 衬线字体

无衬线(sans serif)字体比较圆滑,线条一般粗细均匀。在西文字体中,Arial 字体是一种常用的无衬线字体,如图 3-10 所示。

图 3-10　Arial 无衬线字体

在中文字体中,常用的字体包括宋体、黑体、楷体、隶书、微软雅黑等。按照有无衬线,也可以把中文字体分为衬线体和无衬线体。例如,宋体是衬线体,黑体、微软雅黑是无衬线体,如图 3-11 所示。

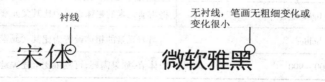

图 3-11　中文的宋体和微软雅黑字体

在 CSS 中,通过 font-family 设置文字的字体。它的基本语法如下:

font-family:<family-name> | <generic-family>

font-family 的属性值是一系列具有先后顺序的字体名称 family-name 或字体系列名称 generic-family。其中,字体名称用于指定某种确定的字体,如"宋体"。字体系列适用于西文字体,包括 serif、sans-serif、cursive、fantasy、monospace 5 类字体系列。每类字体系列中都包含多种字体,如 serif 字体系列包括 Times、Times New Roman、Georgia 等字体。可以指定任意多个字体,它们之间用逗号","分隔,浏览器会按照顺序查找系统中符合的字体,找不到第一种字体再找第二种,依次查找,完全找不到字体时采用系统默认字体。

例如:

```
p{
    font-family:"黑体","微软雅黑","宋体";
}
```

上述代码声明了段落文字的字体按照"黑体""微软雅黑""宋体"的先后顺序选用。如果浏览器所在的计算机中安装了"黑体",那么段落文字的字体将采用"黑体"。如果没有,则依次往后选择。如果所有字体不可用,则会使用浏览器默认的字体代替。

需要注意的是,如果是中文字体名称或字体名称中间带有空格的英文字体,则需要用单引号或双引号将字体名称引起来,如"微软雅黑"、"Times New Roman"。

3.4.2 文字样式

1. 文字大小

在 CSS 中,通过 font-size 设置文字的大小。文字的大小可以指定为相对大小或绝对大小,单位可以采用 3.1.2 小节中介绍的 CSS 的单位。文字大小常用的单位有 px、em、rem、% 等。

例如,把段落文字大小设置为 24 px:

```
p{
    font-size:24px;
}
```

2. 文字粗细

在 CSS 中,通过 font-weight 设置文字的粗细。font-weight 常用的值及含义如表 3-6 所示。

表 3-6 font-weight 属性值

属性值	说明
normal	正常(默认值)
bold	加粗
lighter	将当前元素的粗体设置为比其父元素粗体更细
bolder	将当前元素的粗体设置为比其父元素粗体更粗
100-900	粗体值,如果需要,可提供比上述关键字更精细的粒度控制

例如,把段落文字加粗显示:

```
p{
    font-weight:bold;
}
```

3. 斜体

在 CSS 中,通过 font-style 设置文字是否需要斜体。常用属性值如表 3-7 所示。

第 3 章 CSS 基础

表 3-7 font-style 属性值

属性值	说明
normal	将文本设置为普通字体
italic	如果当前字体的斜体版本可用,那么文本设置为斜体;如果不可用,那么会利用 oblique 状态来模拟 italics
oblique	将文本设置为斜体字体的模拟版本,也就是将普通文本倾斜的样式应用到文本中

例如,将段落文字为斜体:

```
p{
    font-style:italic;
}
```

4. 大小写转换

在 CSS 中,通过 text-transform 设置西文字符的大小写。常用属性值如表 3-8 所示。

表 3-8 text-transform 属性值

属性值	说明
none	防止任何转型
uppercase	将所有文本转为大写
lowercase	将所有文本转为小写
capitalize	将所有单词首字母大写
full-width	将所有字形转换成固定宽度的正方形,类似于等宽字体,允许对齐

【实例 3-8】英文字母大小写转换显示(实例文件 ch03/08.html)。
在这一实例中,设置段落英文文字的首字母大写。

```
p{
    text-transform:capitalize;
}
```

下面的 CSS 样式声明设置段落英文文字全部大写:

```
p{
    text-transform:uppercase;
}
```

5. 文字修饰

在 CSS 中,通过 text-decoration 属性设置文字修饰,如是否有下画线等。其中,各参数值的含义如表 3-9 所示。

表 3-9 text-decoration 属性值

属性值	说明
none	不设置文字的修饰
underline	设置文字具有下画线
overline	设置文字具有顶画线

续表

属性值	说明
line-through	设置文字具有删除线
blink	设置文字闪烁
inherit	继承父元素的文字修饰设置

例如,当鼠标指针在超链接元素上悬停时,该元素具有下画线:

```
a:hover{
    text-decoration:underline;
}
```

3.4.3 字母或单词间距

对于西文字符可以用 letter-spacing 设置字母之间的间距,word-spacing 设置单词之间的间距。对于汉字可以用 letter-spacing 设置汉字之间的间距,word-spacing 对汉字不起作用。具体可指定的间距值如表 3-10 所示。

表 3-10　letter-spacing/word-spacing 主要属性值

属性值	说　明	示　　例
normal	默认。规定字符之间没有额外的空间	letter-spacing:normal;
length	设置字间距为指定的距离	letter-spacing:2em;
inherit	继承父元素的字间距	letter-spacing:inherit;

例如,设置文字的字间距为 1 个字符:

```
p{
    letter-spacing:1em;
}
```

3.4.4 文字阴影

在 CSS3 规范中,通过 text-shadow 可以设置文字的阴影效果。阴影效果通过水平偏移量、垂直偏移量、模糊半径和颜色值来确定。具体语法格式如下:

```
text-shadow:h-shadow v-shadow blur color;
```

各参数含义如表 3-11 所示。

表 3-11　text-shadow 主要属性值

属性值	说　　明
h-shadow	此值必需。定义阴影离开文字的水平方向的距离,允许负值
v-shadow	此值必需。定义阴影离开文字的垂直方向的距离,允许负值
blur	此值可选。定义模糊半径,默认值为 0
color	此值必需。定义阴影的颜色

【实例 3-9】文字阴影(实例文件 ch03/09.html)。

在这一实例中,为 h1 元素中的文字添加阴影效果,阴影向右偏移 2px,向下偏移 2px,模糊半径为 4px(模糊半径越大,阴影效果越明显),颜色为浅灰色。

```
h1{
    text-shadow:2px 2px 4px #888;
}
```

3.5 使用 CSS 控制段落样式

3.5.1 首行缩进

在 CSS 中,通过 text-indent 属性设置段落文字的首行缩进。它的基本语法如下:

text-indent:length | percentage | inherit

各属性值的含义如表 3-12 所示。

表 3-12 text-indent 主要属性值

属性值	说 明
length	把段落文字的首行缩进设置为一个固定的值
percentage	基于父元素宽度的百分比的缩进
inherit	继承父元素的首行缩进

【实例 3-10】首行缩进(实例文件 ch03/10.html)。

在这一实例中,设置段落文字首行缩进 2 个字符。

```
p{
    text-indent:2em;
}
```

3.5.2 文本对齐

在 CSS 中,通过 text-align 设置段落文字的水平对齐方式。它的基本语法如下:

text-align:left | right | center | justify | inherit

各参数值的含义如表 3-13 所示。

表 3-13 text-align 主要属性

属性值	说 明
left	文字左对齐
right	文字右对齐
center	文字居中对齐
justify	文字两端对齐
inherit	继承父元素的对齐方式

【实例3-11】文字水平对齐方式(实例文件 ch03/11.html)。

在这一实例中,设置段落文字水平居中对齐。

```
p{
    text-align:center;
}
```

3.5.3 行高

在 CSS 中,通过 line-height 设置段落文字的行高。行高的值指的是文字高度与行间距的和,行与行之间的间距是行高减去默认字体的高度,如图3-12所示。

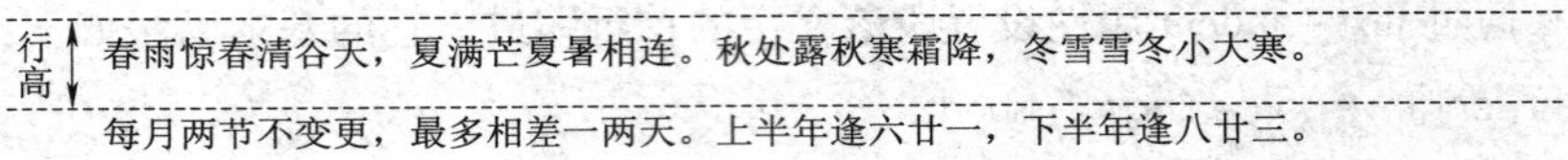

```
行  春雨惊春清谷天,夏满芒夏暑相连。秋处露秋寒霜降,冬雪雪冬小大寒。
高  每月两节不变更,最多相差一两天。上半年逢六廿一,下半年逢八廿三。
```

图3-12　line-height 行高示意图

line-height 的基本语法如下:

line-height:normal | number | length | percentage | inherit

各属性值的含义如表3-14所示。

表3-14　line-height 主要属性值

属性值	说　　明
normal	默认值。由浏览器根据文字字体大小确定合理的段落行高
number	行高为文字大小的 number 倍数
length	行高为指定的高度
percentage	行高为文字大小的百分比
inherit	继承父元素的行高

【实例3-12】行高(实例文件 ch03/12.html)。

在这一实例中,设置段落的行高是2倍文字大小。

```
p{
    line-height:2;
}
```

3.6　盒　模　型

HTML 文档中的每一个元素在页面布局中均被抽象为一个矩形的盒子,网页的排版布局可以看成是对网页中各个盒子元素按照一定的规则摆放后的结果。盒子的大小及摆放规则通过 CSS 样式进行定义。CSS 盒模型由外边距(margin)、边框(border)、内边距(padding)及内容(content)4部分组成,如图3-13所示。

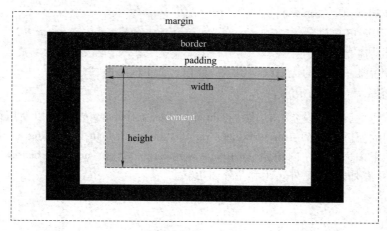

图 3-13　盒模型示意图

盒模型中各属性具体说明如下：
①width：内容显示区域的宽度。
②height：内容显示区域的高度。
③border：边框。
④padding：内边距，内容与边框的距离。
⑤margin：外边距，指不同盒子之间的距离。
盒模型中各属性的含义如图 3-14 所示。

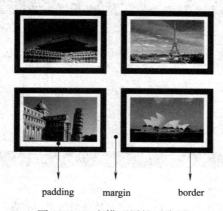

图 3-14　盒模型属性示意图

可以用 border 属性一次设置 4 个方向边框的情况，如：

border:15px ridge #009;

表示 4 个边框的边框粗细为 15px，边框线型为凸线，边框颜色为#009。边框的宽度、线型、颜色不存在先后顺序，只要以空格分开即可。如果要显示边框，一定要设置边框样式值；如果只设置边框粗细和颜色，没有边框样式，则边框无法显示。

也可以分别设置边框宽度（border-width）、边框样式（border-style）、边框颜色（border-color）并将其应用到全部 4 个边。例如：

```
border-bottom-width:10px;
border-bottom-color:#F00;
border-bottom-style:solid;
```

或者单独设置某一个边的边框线型、宽度、颜色3个不同属性,例如:

```
border-bottom:solid #F00 10px;
```

类似border边框属性的设置,内边距(padding)和外边距(margin)也可以使用简写形式,或分别设置4个方向的值。padding-top、padding-right、padding-bottom和padding-left分别指定上内边距、右内边距、下内边距和左内边距。margin-top、margin-right、margin-bottom、margin-left分别设置上边外距、右外边距、下外边距和左外边距。

例如:

```
.pic {
    padding-top:5px;        /*上内边距为5px*/
    padding-right:8px;      /*右内边距为8px*/
    padding-bottom:15px;    /*下内边距为15px*/
    padding-left:12px;      /*左内边距为12px*/
}
```

padding、margin值使用简写方式时,属性值是从上开始,沿顺时针方向确定对应关系,如图3-15中箭头所示的方向。

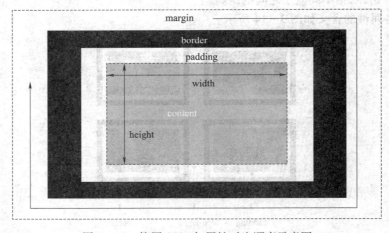

图3-15 简写CSS时,属性对应顺序示意图

例如:

```
padding:10px;                   /*4个方向的内边距都为10像素*/
padding:10px 20px 30px 40px;    /*上、右、下、左简写形式*/
padding:10px 20px;              /*上下、左右简写形式*/
padding:10px 0 20px;            /*上、左右、下简写形式*/
```

margin属性有一个特殊设置,当将左、右外边距设置为auto时,盒子在父元素中水平居中显示;如果父元素是浏览器,则在浏览器窗口中水平居中显示。例如:

```
margin:0 auto;
```

【实例 3-13】盒子模型(实例文件 ch03/13. html)。

在这一实例中,利用盒模型,设置 div 容器#container 在页面中水平居中显示。

```
#container {
    width:500px;              /* 盒子的宽度为 500px */
    padding:10px;             /* 4 个内边距均为 10px */
    border:10px ridge #FC3;   /* 边框粗细为 10px,颜色为#FC3,线型为 ridge */
    margin:30px auto;         /* 上下外边距为 30px 左右外边距自动 */
}
```

默认情况下,一个盒子元素的实际宽度为左外边距+左边框+左内边距+内容宽度+右内边距+右边框+右外边距。如实例中,盒子所占用的度宽为 10 + 10 + 500 + 10 + 10 = 540 px,如图 3-16 所示。

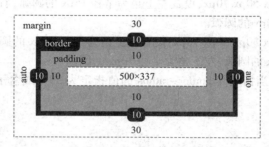

图 3-16 盒子元素的宽度计算

有关盒子模型进一步的知识,将在第 6 章详细介绍。

3.7 CSS3 中的样式

3.7.1 圆角边框

在 CSS3 中,可以用 border-radius 定义圆角边框。可以用 border-radius 的简写形式,也可以用 border-top-left-radius、border-top-right-radius、border-bottom-right-radius、border-bottom-left-radius 分别定义左上角、右上角、右下角、左下角。语法格式为:

```
border-radius:length;
```

属性值可以是具体大小或百分比,其值表示圆角是半径为 length 的圆的 1/4 弧。如果值为 0,表示角是直角,不是圆角。

【实例 3-14】设置圆角边框(实例文件 ch03/14. html)。

在这一实例中,设置 4 个角是半径为 50px 的 1/4 圆弧的圆角边框。边框效果如图 3-17 所示。

```
#box1 {
    border-radius:50px;       /* 4 个角均为半径为 50px 的 1/4 圆弧 */
}
```

border-radius 可以设置 4 个角是相同半径的圆弧,也可以设置不同半径的圆弧。例如:

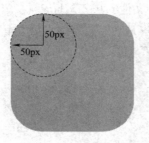

实例3-14

图3-17 圆角边框

①border-radius:15px 50px;设置左上角和右下角为半径15px的圆弧,右上角和左下角为半径50px的圆弧。

②border-radius:15px 50px 70px;设置左上角为半径15px的圆弧,右上角和左下角为半径50px的圆弧,右下角为半径70px的圆弧。

③border-radius:15px 30px 50px 70px;设置左上角为半径15px的圆弧,右上角为半径30px的圆弧,右下角为半径50px的圆弧,左下角为半径70px的圆弧。

如果是正方形盒子,当指定其border-radius的值指定为50%或盒子宽度的一半时,盒子显示为圆。例如:

```
#box{
    width:200 px;
    height:200 px;
    border-radius:50%;      /*4个角各为50%*/
}
```

圆角边框的角也可以是椭圆的圆弧,例如:

```
border-radius:lengthx/lengthy
```

表示圆弧是以lengthx为水平半径,lengthy为垂直半径的椭圆的1/4。如果lengthx、lengthy是百分比,则lengthx表示相对于盒子宽度的百分比,lengthy表示相对于盒子高度的百分比。若定义椭圆圆角边框,效果如图3-18所示。

```
#box6{
    border-radius:25px/50px;
}
```

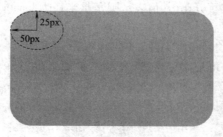

图3-18 椭圆圆角边框

3.7.2 盒阴影

在 CSS3 中,可以使用 box-shadow 设置盒子元素在显示时产生阴影效果。其语法格式如下:

box-shadow:h-shadow v-shadow blur spread color inset;

相关属性值的具体说明如表 3-15 所示。

表 3-15 box-shadow 属性值

属性值	说 明
h-shadow	必需。水平阴影的位置。允许负值
v-shadow	必需。垂直阴影的位置。允许负值
blur	可选。模糊半径
spread	可选。阴影扩展半径。正值表示扩大,负值表示缩小
color	可选。阴影的颜色
inset	可选。将外部阴影(outset)改为内部阴影

【实例 3-15】设置盒阴影(实例文件 ch03/15.html)。

在这一实例中,利用盒阴影,为 div 容器#box1 设置一个水平阴影 15px、垂直阴影 15px、模糊距离 10px、阴影扩展半径为 0、颜色为#666 的阴影。

```
<style type="text/css">
div{
    width:300px;
    height:300px;
    margin:25px;
    border:1px solid #000;
}
#box1{
    box-shadow:15px 15px 10px 0 #666;
}
</style>

<body>
    <div id="box1"></div>
</body>
```

浏览网页,效果如图 3-19 所示。

可以将水平阴影和垂直阴影的位置设置为负值。如果将水平阴影的位置设置为负值,表示向左绘制阴影;如果将垂直阴影的位置设置为负值,表示向上绘制阴影。

如果设置了 inset 关键字,表示在盒元素内部创建阴影,该阴影只被创建在盒元素内部,超出盒元素边框的部分将被裁剪。如创建水平与垂直方向阴影距离均为 0px、模糊半径和扩展距离均为 10px、颜色为#666 的盒内阴影,可将 box-shadow 设置改为:

box-shadow:0px 0px 10px 10px #666 inset;

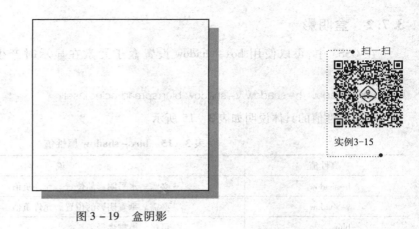

图 3-19 盒阴影

3.7.3 Web 字体

网页中的文字字体受到用户计算机中字体库的限制,因此在 CSS3 规范推出之前,如果想要在网页中使用用户计算机中有可能不存在的字体,一般通过先将使用特殊字体的文字制作成图像,然后将图像插入网页来实现。在 CSS3 规范中,可通过@font-face 规则使用存放在 Web 服务器中的字体。

各浏览器支持的字体文件的格式不同,如 Firefox、Chrome、Safari 及 Opera 支持.ttf(True Type Fonts)和.otf(OpenType Fonts)类型的字体。而 Internet Explorer 从 9.0 版本开始支持@font-face 规则,但是仅支持.eot(Embedded OpenType)类型的字体。

Web 字体的使用包括两个步骤,首先定义 Web 字体的引用名称,并指明其位置,然后像引用系统已有的字体一样,通过名称引用字体。

【实例 3-16】使用 Web 字体(实例文件 ch03/16.html)。

在这一实例中,定义 Web 字体 fzzt,并在类样式中引用此字体。

```
<style>
@font-face
{
    font-family:fzzt;
    src:url(fonts/fzzt.ttf);
}
.fs{
    font-family:fzzt;
}
</style>
<body>
...
<p class="fs">...</p>
</body>
```

本例中定义了名为"fzzt"的 Web 字体,并通过类选择器将其应用于 p 元素。@font-face 中 font-family 后的名字由自己定义。src 属性用来指定所引用 Web 字体文件存放的 url。url 中的路径需要根据字体文件与网页文件的实际路径描述或者使用绝对路径描述。

3.8 继承性和层叠性

对一个HTML元素可以使用多种方式设置样式,一个元素的多个样式将按一定的规则层叠显示。元素的多个样式中如果存在对同一属性的不同设置,将引起样式冲突,冲突的样式在层叠的过程中将按优先级来确定有效的样式。

3.8.1 CSS的继承性

HTML中的不同元素,根据它们在DOM树中的位置形成上下级关系。继承性指特定的CSS属性向下传递到子元素。

【实例3-17】CSS的继承性(实例文件ch03/17.html)。

在这一实例中,元素的层次关系如图3-20所示。定义body元素的样式,浏览网页,观察其子元素的样式变化。

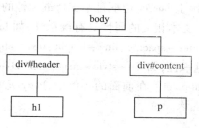

图3-20 文档中元素结构图

```
<body>
<div id="header">
  <h1>云计算</h1>
</div>
<div id="content">
  <p>云计算(英语:Cloud Computing),是一种基于……(文字略)</p>
</div>
</body>
```

定义样式如下:

```
<style type="text/css">
body{
color:#00F;
border:1px solid #000;
}
</style>
```

浏览网页,可以看到,定义了body元素的样式后,网页中h1、p元素的颜色均变为蓝色。尽管h1、p元素并没有设置颜色,但是因为它们继承了祖先元素body的CSS颜色规则,所以也显示为蓝色。

继承性在网页开发中很有用,如果没有继承性,要展现上例的文字颜色,需要设置所有涉及的元素的颜色属性,CSS文件大小将会大大增加,变得难以创建和维护,同时降低了页面浏览速度。

但并非所有的CSS属性都支持继承性。如果每个CSS属性都可以被继承,也会带来一些麻烦。假定默认状态下,border属性可以继承,则网页会变成图3-21所示的样子。

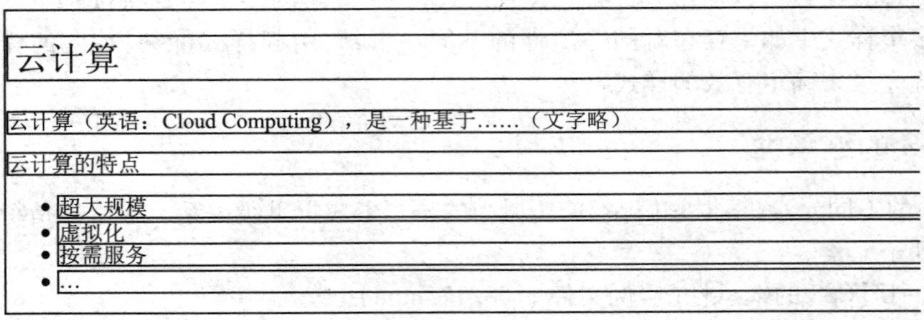

云计算
云计算（英语: Cloud Computing）,是一种基于……（文字略）
云计算的特点
<ul><li>超大规模</li><li>虚拟化</li><li>按需服务</li><li>…</li></ul>

图3-21 错误的继承

这样的网页非常不美观,实际上border边框是不支持继承性的。通常来说,只有那些可以使工作变得轻松的属性具有继承性。文本相关的属性具有继承性,如font-family、font-size、font-style、font-variant、font-weight、font、letter-spacing、line-height、text-align、text-indent、text-transform、word-spacing。列表相关属性有继承性,如list-style-image、list-style-position、list-style-type、list-style。颜色相关属性是继承的,如color。在前面的实例中,body元素的color属性被其后代元素继承,border属性没有被后代元素继承。

3.8.2 CSS的层叠性

当HTML文档中的同一个元素应用了多个不同的CSS样式时,多个选择器的样式会叠加显示。

【实例3-18】CSS的层叠性（实例文件ch03/18.html）。

在这一实例中,分别定义h1类型选择器、heading类选择器、#header ID选择器,并将这几个选择器都应用于"云计算"几个字。

```
<style type="text/css">
h1{
    background-color:#FF0;
}
.heading{
    color:#F00;
}
#header{
    border:dashed #000 2px;
}
</style>

<body>
<h1 class="heading" id="header">云计算</h1>
</body>
```

浏览网页,效果如图 3-22 所示。

云计算

图 3-22　CSS 的层叠性

可以看到"云计算"采用了类型选择器 h1 定义的背景颜色、类样式.heading 定义的字体颜色、ID 样式#header 定义的边框样式,最终效果是这几个样式的叠加效果。但是当应用到同一个元素的多个样式都有对同一个属性的设置,且属性值不同时,就会出现样式的冲突。CSS 通过样式的优先级来解决冲突。

【实例 3-19】CSS 样式的优先级(实例文件 ch03/19.html)。

在这一实例中,对同一个元素应用了 3 个不同的样式,且 3 个样式中定义了不同的文字颜色。

```
<style type="text/css">
h1{
    color:#000;
}
.heading{
    color:#F00;
}
#header{
    color:#00F;
}
</style>

<body>
<h1 class="heading" id="header">云计算</h1>
</body>
```

"云计算"按照样式的优先级显示为 ID 样式中定义的蓝色。当同一元素应用的 CSS 规则有冲突时,浏览器遵循以下原则解决冲突:

① 优先原则。优先级最高的样式有效,样式的优先级由样式类型和选择器决定。

a. 行内样式 > 内部样式 | 外部样式,即行内样式优先级最高,内部样式和外部样式的优先级由它们出现的位置决定,谁出现在后面,谁的优先级高。

b. 在同类型的样式中,选择器之间也存在不同的优先级。选择器的优先级为 ID 选择器 > 类选择器 > 类型选择器,即 ID 选择器的优先级最高。

② 如果两个规则优先级相同,则采用"就近原则"。

越靠近元素内容的样式,优先级越高。例如:

`<div> <p>…</p> </div>`

p 元素的样式优先于 div 元素的样式。

③ CSS 样式的特殊标记——"！important"可以改变样式的优先级。

【实例 3-20】CSS 样式的优先级(实例文件 ch03/20.html)。

在这一实例中,通过不同 CSS 规则的应用,理解 CSS 样式的优先级。网页效果如图 3-23 所示。

```
<style>
p{
font-family:"黑体";
font-size:36px;
text-decoration:none;
}
.style1{
color:#F00;
}
.style2{
color:#666;
}
.fsize{
font-size:70px! important;
}
#fsize2{
font-size:18px;
}
</style>
</head>

<body>
<p style="text-decoration:underline">行内样式(有下画线)优先级高于内部样式(无下画线)</p>
<p class="style1"><span class="style2">就近原则,采用style2的文字样式</span></p>
<p class="fsize" id="fsize2">! important更改默认优先级,使得类选择器的优先级高于ID选择器</p>
</body>
```

实例3-20

图3-23 CSS规则优先级

第一段文字,分别应用了行内样式和内部样式的类型选择器,根据样式优先级,文字采用了行内样式的文字修饰,加了下画线。第二段文字应用了style1、style2两个类样式,根据就近原则,采用了style2的类样式。第三段文字应用了类样式和ID样式,根据优先级,应采用ID样式的字体大小,但因为类样式定义时,使用"! important"改变了优先级,因而最终采用了类样式定义的字体大小。

思考与练习

一、判断题
1. 定义 CSS 样式时,一个选择器只能有一条声明语句。( )
2. 通过后代选择器,可以选择具有特定上下级关系的元素。( )
3. 为了使整个站点的样式统一,应该尽量以外部样式的方式使用 CSS 规则。( )
4. 网页中的一些特殊字体,如果用户计算机不支持,可以通过定义 Web 字体来实现。( )
5. 类选择器样式不能在同一个网页中重复应用。( )

二、单选题
1. 以下不属于 CSS 选择器的是( )。
   A. 类型选择器　　　B. 类选择器　　　C. ID 选择器　　　D. 对象选择器
2. 用于设置文字字体的 CSS 属性是( )。
   A. font – family　　B. font – size　　C. font – weight　　D. font – style
3. CSS 规则由( )组成。
   A. 选择器和声明　　　　　　　　　B. 属性和声明
   C. 单位和声明　　　　　　　　　　D. 选择器和属性
4. CSS 的( ),作为标签的属性被引用到网页中。
   A. 行内样式　　　B. 内部样式　　　C. 外部样式　　　D. 标签样式
5. 下列( )语句可以将外部样式引用到网页。
   A. < style type = "text/css" href = "style.css" >
   B. < style href = "style.css" >
   C. < link href = "style.css" rel = "stylesheet" type = "text/css" />
   D. < link src = "style.css" rel = "stylesheet" type = "text/css" />
6. 下列( )创建了一个名称"mystyle"的类选择器,并且将文字设置为 24 px,首行缩进 2 个字符。
   A. #mystyle {font – style:24px;line – height:2px;}
   B. .mystyle {font – size:24px;text – indent:2em;}
   C. mystyle {font – size:24px;text – indent:2px;}
   D. *mystyle {font – size:24px;text – indent:2px;}
7. 在 CSS 定义中,以下( )可以使英文字母全部大写。
   A. lowercase　　B. uppercase　　C. capitalize　　D. inherit
8. 下列( )是 CSS 设置文字颜色的属性。
   A. color　　B. font – style　　C. font – color　　D. background – color
9. 下列( )是设置文字水平对齐的属性。
   A. text – valign　　B. text – indent　　C. word – wrap　　D. text – align
10. 下列( )是设置行高的属性。
    A. letter – spacing　　B. line – height　　C. word – spacing　　D. space
11. 为文字上添加下画线,应设置( )。
    A. text – decoration:line – through　　B. text – decoration:overline
    C. text – decoration:underline　　　　D. text – decoration:bottomline

12. 下列( )不是 border-style 属性的属性值。
    A. solid   B. ridge   C. line   D. inset
13. 下列( )是 CSS 的正确格式。
    A. h1{color:red;}
    B. h1[color:red;]
    C. h1(color:red;)
    D. h1/color:red;/
14. CSS 中注释的正确表示方法是( )。
    A. <!--注释文字-->
    B. /*注释文字*/
    C. /!注释文字!/
    D. (*注释文字*)

三、思考题
1. CSS 的功能是什么？
2. 类型选择器、类选择器、ID 选择器和后代选择器的应用场合分别是什么？
3. 行内样式、内部样式、外部样式分别在什么情况下应用？
4. CSS 的继承性和层叠性是什么含义？

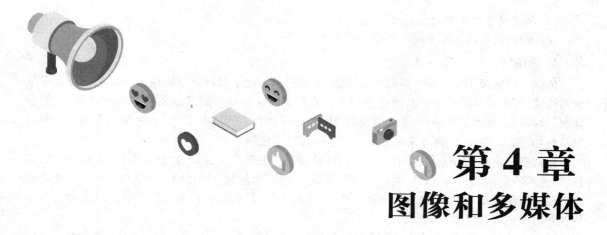

第4章 图像和多媒体

◎**教学目标：**

通过本章的学习，了解网页配色以及网页中颜色的表示方法，掌握在网页中插入图像，设置背景图像，插入音频、视频元素。

◎**教学重点和难点：**

- CSS 颜色表示
- 插入图像
- 设置网页背景图像
- 插入多媒体元素

丰富的网页内容除了文字，还有图像、音频、视频等元素。本章将学习如何在网页中插入多媒体元素，并学习网页中的颜色表示和背景设置。

4.1 网页中的颜色

4.1.1 网页配色基础

现实生活中经常会遇到颜色搭配问题，如穿衣搭配、家具色彩搭配、海报颜色搭配等。生活中需要协调的色彩搭配，网页中同样如此。要使设计的网页色彩协调，更好地突出所表达的内容，需要掌握网页配色的基础知识。

1. 配色原则

网页配色需要遵循一定的原则，才能使搭配的颜色更得体。网页配色要注意以下基本原则：

（1）网页中所采用的颜色切忌过多

网页中的色彩不宜太多，过多的色彩会使网页显得凌乱，难以突出重点。

（2）围绕网页的主题选择颜色，色彩要能烘托出主题

根据主题确定色彩方案。例如，用蓝色体现科技型网站的专业，用粉红色体现女性的柔情等。例如 IBM 的官网首页，颜色主要是蓝、黑、灰。

（3）要保持整个页面的色调统一

统一的色调可以从视觉效果方面更好地体现主题。

2. 色调

色调一词来源于对绘画作品的描述，其原理也同样可用于对网页色彩的描述。色调不是指颜色的性质，而是对一幅绘画作品的整体颜色的概括评价。一幅绘画作品虽然用了多种颜色，但总体有一种倾向，是偏蓝或偏红，是偏暖或偏冷等。这种颜色上的倾向就是一幅绘画的色调。通常可以从色相、明度、冷暖、纯度4个方面来定义一幅作品的色调。

色调在冷暖方面分为暖色调与冷色调：红色、橙色、黄色为暖色调，象征着太阳、火焰；绿色、蓝色、黑色为冷色调，象征着森林、大海、蓝天。灰色、紫色、白色为中间色调。冷暖色调也只是相对而言，譬如说，红色系当中，大红与玫红在一起时，大红就是暖色，而玫红被看作冷色，又如，玫红与紫罗兰同时出现时，玫红就是暖色。

网页中的各种色彩，组成一个完整统一的整体，形成画面色彩总的趋向，称为网页色调。一个网站不能只运用一种颜色，这样很容易让浏览者感到单调，但是也不能包含所有颜色，让浏览者感觉凌乱。一个网站必须要有一、两种主题色来体现网站主题。

依据视觉角色的主次位置可以将网页中的色调分为如下几个：

①主色调：页面色彩的主要色调、总趋势，其他配色不能超过该主要色调的视觉面积。

②辅助调：仅次于主色调的视觉面积的辅助色，是烘托主色调、支持主色调、起到融合主色调效果的辅助色调。

③点睛色：在小范围内点上强烈的颜色来突出主题效果，使页面更加鲜明生动。

④背景色：环绕整体的色调，起协调、支配整体的作用。

3. 网页配色技巧

在实际网页配色中，可以采用以下配色技巧：

①同种色彩搭配：选定一种色彩，然后调整其饱和度，将色彩变淡或加深而产生新的色彩，这样的页面看起来色彩统一，具有层次感。

②邻近色彩搭配：邻近色是指在色环上相邻的颜色，如绿色和蓝色互为邻近色。采用邻近色搭配可以避免网页色彩杂乱，易于达到页面和谐、统一的效果。

③对比色彩搭配：对比色可以突出重点，产生强烈的视觉效果。通过合理使用对比色，能够使网站特色鲜明、重点突出。在设计时，通常以一种颜色为主色调，其对比色作为点缀，起到画龙点睛的作用。

④暖色色彩搭配：使用红色、橙色、黄色等色彩的搭配。这种色调的运用可为网页营造出稳定、和谐和热情的氛围。

⑤冷色色彩搭配：使用绿色、蓝色及紫色等色彩的搭配，这种色彩搭配可为网页营造出宁静、清凉和高雅的氛围。冷色色彩与白色搭配一般会获得较好的视觉效果。

⑥有主色调的混合色彩搭配：以一种颜色作为主要颜色，同时辅以其他色彩混合搭配，形成缤纷而不杂乱的搭配效果。

⑦文字与网页的背景色对比要突出：如果底色深，文字的颜色就应浅，以深色的背景衬托浅色的内容；反之，如果底色淡，文字的颜色就要深些，以浅色的背景衬托深色的内容。

有许多网站提供在线配色方案及示例，如 Color Scheme Designer 网站（http://colorschemedesigner.com/csd-3.5），可以在网站上选择单色方案、互补色方案等。

4.1.2 网页安全色

合理的配色方案可以使网页内容协调、美观,但是精心描配好的颜色有可能在不同的浏览器上会有所变化,难以达到期望的效果。这是因为不同的平台(Mac、PC 等)有不同的调色板,不同的浏览器也有自己的调色板,这也就是说同样的颜色值,在 IE 中浏览与在 Safari 中浏览,可能差别很大。对于网页中的颜色,浏览器会尽量使用本身所用的调色板中最接近的颜色。如果浏览器中没有所选的颜色,就会通过抖动或者混合自身的颜色来尝试重新产生该颜色。

为了使所采用的颜色能在不同的浏览器上的显示不失真,可以使用网页安全色。网页安全色是指在不同硬件环境、不同操作系统和不同浏览器中都能够正常显示的颜色集合(调色板或者色谱),也就是说这些颜色在任何终端用户的显示设备上都是相同的效果。网页安全色指结合了 00、33、66、99、CC 或 FF(RGB 值分别为 0、51、102、153、204 和 255)的十六进制值代表的颜色。它一共有 216 种颜色(其中彩色为 210 种,非彩色为 6 种)。在网页制作软件 Dreamweaver 的颜色拾色器中,默认显示的可选颜色是 216 种安全色。

Web 浏览器初次面世之时,大部分计算机只显示 256 色。如今,大多数计算机都能显示数以百万计的颜色,所以现在设计网页不必太局限于网页安全色。但是 GIF 格式图片最多支持 256 种颜色,多于 256 色时,不能准确完成平滑的颜色过渡,因此制作 GIF 格式图片时应尽量使用网页安全色。

可以使用 Firefox 浏览器的 Web Developer 工具查看网页的颜色分布。可以看到,目前很多网站使用的颜色都有非安全色。

4.1.3 CSS 颜色表示

CSS 中的颜色表示有两种方法:一种是颜色名;另一种是颜色值。

1. 颜色名

颜色名表示法用颜色的英文单词表示颜色,如 red、white 等。

CSS 颜色规范中定义了 147 种颜色名(17 种标准颜色和 130 种其他颜色)。17 种标准颜色分别是 aqua、black、blue、fuchsia、gray、green、lime、maroon、navy、olive、orange、purple、red、silver、teal、white、yellow。下例如:

```
h1{
    color:red;
}
```

颜色名称有限,要指定更精准的颜色效果,需要使用颜色值指定。

2. 颜色值

有两种指定颜色值的方法:RGB 颜色值或色相饱和度。

(1) RGB 颜色值

RGB 颜色值表示法规定:颜色由一个十六进制值来定义,这个值由三原色(红色 R、绿色 G 和蓝色 B)的值组成。每种颜色的最小值是 0(十六进制数#00),最大值是 255(十六进制数#FF),也就是每个原色可有 256 种彩度,因此三原色可混合成 16 777 216 种颜色。

RGB 颜色可以有 4 种表达形式:

① 每种颜色使用两位十六进制数,颜色表示为#rrggbb(如#00CC00)。

② 每种颜色使用一位十六进制数,颜色表示为#rgb(如#0C0)。这种形式适用于每种颜色的两

位十六进制数相同的情况。

③每种颜色使用十进制整数表示,颜色表示为 rgb(x,x,x),x 是一个介于 0~255 之间的整数(如 rgb(0,204,0))。

④每种颜色使用百分比表示,颜色表示为 rgb(y%,y%,y%),y 是一个介于 0.0~100.0 之间的整数(如 rgb(0%,80%,0%))。

如果想指定具有一定透明度的颜色,可以使用 rgba(x,x,x,a)函数,x 是一个介于 0~255 之间的整数,a 表示透明度,其取值范围为:0.0~1.0。例如,rgba(0,0,0,0.5)表示透明度为 0.5 的黑色。例如:

```
h1{
    color:rgb(255,0,0);
}
```

(2)色相饱和度

色相饱和度用 hsl(h,s,l)函数来指定颜色。其中 h 用来指定色相,其取值范围是 0~360。s 用来指定饱和度,其取值范围是 0%~100%,0% 表示完全透明,100% 表示完全不透明。l 用来表示明度,其取值范围是 0%~100%,0% 表示全黑,100% 表示全白,50% 表示纯色。例如,纯蓝色表示为 hsl(240,100%,50%)。

也可以用 hsla(h,s,l,a)表示带有一定透明度的颜色。h、s、l 的取值与 hsl()函数相同,a 表示透明度,其取值范围为 0.0~1.0。

4.2 图　　像

4.2.1 图像在网页中的应用

网页除了要注意页面色彩搭配之外,合理地使用图像,有利于内容的解说,也可以使网页更生动、形象,因此图像在网页设计中也有非常重要的作用。根据图像在网页中的作用来分类,大致包括 Logo 图像、横幅图像、普通图像、背景图像、按钮图像等。

Logo 图像是一个网站的重要标志,它具有网站识别和推广的作用,通过形象的 Logo 图像可以让浏览者记住网站主体和品牌文化。Logo 图像一般放在网页最醒目的位置,很多网站会根据特殊节日对 Logo 进行不同的修饰变换。如图 4-1 所示为百度、凤凰网、谷歌网站的 Logo。

图 4-1　网站 logo

横幅图像是网络媒体中最普遍的推广宣传方法,一般放置在页面最醒目的开始位置,利用文字、图片或动画效果把推广的信息传递给网站的访问者,同时超链接到相关网页上,达到推广网站、产品或服务的效果。使用醒目、有特色的图像文件制作横幅,可以吸引浏览者的目光,增加横幅被单击的机会,如图 4-2 所示。

当图像作为网页的背景或者容器的背景时,称为背景图像。合理地使用背景图像作为网页背景会增加网页的活力,丰富网页的内容,如图4-3所示。

图4-2 横幅图像

图4-3 背景图像

除了上述特定用途的图像外,网页中还有很多与文本和其他网页元素相关的普通图像,用以图文并茂地说明网页内容。

4.2.2 网页中的图像类型

图像有 GIF、JPEG、PNG、BMP、TIF 等多种格式,但并不是所有图像文件都可以在网页中显示。太大的图像文件会影响网页的显示速度,不适合应用在网页中,在满足显示要求的情况下,图像大小越小越好。网页中常用的图像格式有 JPEG 格式、GIF 格式、PNG 格式。

(1) JPEG 格式

JPEG(Joint Photographic Experts Group,联合图像专家组标准)格式文件的扩展名为.jpeg、.jpg,其中在主流平台上最常见的是.jpg。JPEG 采用有损压缩技术,其压缩的主要是高频信息,对色彩的信息保留较好,适合应用于互联网,可减少图像的传输时间。可以支持24位真彩色,普遍应用于需要连续色调的图像,如照片等颜色丰富的图像。

(2) GIF 格式

GIF(Graphics Interchange Format,图像交换格式)格式是 CompuServe 公司在1987年开发的图像文件格式。GIF 分为静态 GIF 和动画 GIF 两种,扩展名为.gif。GIF 格式采用无损压缩技术,支持最多不超过256种颜色,图像在压缩后不会有细节丢失。它最适合显示色调不连续或者具有大面积单一颜色的图像,如导航条、按钮、图标、徽标或带有透明区域的图像和动画等。

(3) PNG 格式

PNG(Portable Network Graphic Format,可移植网络图像)格式既融合了 GIF 格式透明显示的颜色,又具有 JPEG 处理精美图像的优势。PNG 图像因其高保真性、文件体积较小等特性,被广泛应用于网页设计、平面设计中。网络通信受带宽制约,在保证图片清晰、逼真的前提下,网页中不可能大范围使用文件较大的 JPEG 文件。GIF 文件虽然体积较小,但支持的颜色较少。所以,PNG 格式自诞生之日起就被广泛应用。

PNG 图像通常被当作素材来使用。通过图像拼接技术 CSS Sprites,可以把网页中使用的图像素材整合在一幅 PNG 图像中,从而减少浏览器与服务器的交互次数。网站的 Logo 除了使用 GIF 格式制作外,很多网站也使用 PNG 文件制作 Logo。

4.2.3 插入图像

1. img 元素

在网页中插入图像,需要用 img 元素定义。img 元素为空元素,无结束标签。img 元素的语法格式如下:

```
<img src ="URL" alt ="图像说明文本" width ="宽度值" height ="高度值"/>
```

上述语法格式中使用了 img 元素的几个常用属性 src、alt、width、height。表 4-1 中列举了 img 元素的常用属性及含义。

表 4-1 img 元素的常用属性

属性	描述
src	图像的 URL
alt	图像的文字描述信息,当图片无法显示时显示此文本
width	图像的宽度,可以使用像素值,也可以使用百分比值
height	图像的高度,可以使用像素值,也可以使用百分比值
ismap	把图像定义为服务器端的图像映射,只有搭配 a 元素中的 href 属性才有效
usemap	指定作为客户端图像映射的一幅图像

在网页中插入图像,并不是将图像复制到网页中,而是将图像链接到网页中,即在 HTML 文档中只指明了图像文件的路径,告诉浏览器到哪里去找要显示的图像。img 元素为被引用的图像创建占位符。例如:

```
<img src ="images/jz05.jpg" alt ="国家体育场" width ="200" height ="123" />
```

上述代码表明,在网页中插入图像,图像文件的路径是 images/jz05.jpg,因而要想保证图像正确显示,images 文件夹下的 jz05.jpg 文件一定要真实存在。

除了上面列出的属性,img 元素也支持 HTML 中的全局属性,如 title 属性。title 属性用于指定图片的提示文字。

提示:

①alt 属性用于描述图像,这个描述文字可以被搜索引擎读取以理解图像的含义,并且当图像无法显示时,页面中原图像位置会显示 alt 中的文字。

②title 属性也用于描述图像,当用户将鼠标指针移到图片上时,会显示 title 中的文字。

【实例 4-1】在网页中插入图像(实例文件 ch04/01.html)。

在这一实例中,在网页中插入几个图像。

```
<img src =" images/01. jpg"  width =" 640"  height =" 360" / >
<img src =" images/02. jpg"  width =" 640"  height =" 400" / >
<img src =" images/03. jpg"  width =" 640"  height =" 400" / >
<img src =" images/04. jpg"  width =" 640"  height =" 400" / >
```

2. figure

figure 元素是一个媒体组合元素,也就是对其他元素加以组合。通常被用作图像、图表、照片、代码等的组合。figurecaption 元素用于对 figure 元素建立的组合设置标题。

【实例 4 - 2】figure 元素的使用(实例文件 ch04/02. html)。

在这一实例中,用 figure 元素组合图像,并为每组图像设置标题。

```
<figure>
    <img src ="images/jz1. jpg"  alt ="故宫"  width ="200"  height ="123" / >
    <img src ="images/jz2. jpg"  alt ="埃菲尔铁塔"  width ="200"  height ="123" / >
    <img src ="images/jz3. jpg"  alt ="悉尼歌剧院"  width ="200"  height ="123" / >
    <img src ="images/jz4. jpg"  alt ="比萨斜塔"  width ="200"  height ="123" / >
    <figcaption >世界著名建筑 </figcaption >
</figure >
```

4.2.4 背景样式

为了使网页更美观,可以为网页设置背景颜色或背景图像。在 Web1.0 时代,普遍使用 HTML 元素的 bgcolor 和 background 属性来指定背景颜色和背景图像。例如,用 body 元素的 bgcolor 属性指定整个网页的背景颜色:

```
<body bgcolor ="#99CCFF">
```

如果同时设置了网页的背景颜色和图像,只有当背景图像不能显示时,背景颜色才显示,否则不显示背景颜色。

在第 3 章 CSS 部分已介绍过,目前的网页设计已不推荐用 HTML 元素的属性来设置网页样式,而应该使用 CSS 来定义网页的背景颜色或图像。下面介绍如何用 CSS 实现网页背景颜色及背景图像的设置。

1. 背景颜色

CSS 中,使用 background - color 属性设置背景颜色。颜色值可以采用前面讲过的 CSS 颜色表示的任意一种来指定。

【实例 4 - 3】设置网页背景颜色(实例文件 ch04/03. html)。

在这一实例中,设置网页背景颜色为灰色,文字颜色为白色。

```
body{
    background - color:#999;
    color:#FFF;
}
```

2. 背景图像

CSS 中,采用多个属性进行背景图像的设置,如表 4 - 2 所示。

表4-2 背景图像常用属性

属性	说明	示例
background-image	指定图像作为元素的背景,默认情况下背景图像重复并覆盖整个元素	background-image:url(images/bg.jpg);
background-repeat	设置背景图像是否重复。其值有repeat、repeat-x、repeat-y、no-repeat	background-repeat:no-repeat;
background-attachment	设置背景图像固定还是随页面的滚动而滚动。其值有fixed、scroll	background-attachment:fixed;
background-position	指定背景图像的位置,第一个值表示水平方向的位置,第二个值表示垂直方向的位置。其值可以为: · x% y% · x y · [top,center,bottom][left,center,right]	background-position:center top;
background	简写方式,可以将所有背景属性值设置在一个属性中	background:#999 url(images/bg.jpg) no-repeat fixed center top;
background-size	设置背景图像尺寸,这个属性是CSS3新增属性。其值可以为length、%、cover、contain	background-size:cover;

(1) background-image

background-image 属性为元素定义背景图像。默认情况下,背景图像重复并铺满整个元素空间。如下代码为网页设置背景图像:

```
body{
    ...
    background-image:url(images/bg.jpg);
}
```

(2) background-repeat

默认情况下,背景图像从元素的左上角开始显示,并会在水平方向和垂直方向重复。如果要设置背景图像是否重复,以及在哪个方向重复,可以使用 background-repeat 属性,其属性值如表4-3所示。

表4-3 background-repeat 属性

属性值	说明
repeat	背景图像在水平和垂直方向均重复
repeat-x	背景图像在水平方向重复
repeat-y	背景图像在垂直方向重复
no-repeat	背景图像不重复

例如,设置背景图像不重复:

```
body{
    ...
    background-repeat:no-repeat;
}
```

(3) background-position

背景图像默认显示在元素的左上角,如果需要控制背景图像的显示位置,可以使用background-position 属性,其属性值可以为具体数值、百分比或表示位置的关键字。水平位置值与垂直位置值之间用空格隔开。

当距离值为具体数值时,表示背景图像距离元素左上角的水平和垂直距离值,其语法形式如下:

```
background-position:x y
```

x 表示水平位置,y 表示垂直位置。x,y 默认值为 0,如果仅设置了一个值,则默认另一个值为居中显示。其位置示意图如图 4-4 所示。

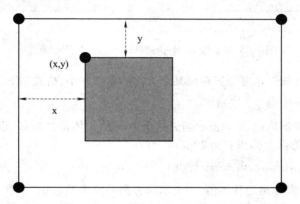

图 4-4　background-poistion:x y 示意图

当位置值为关键字时,其关键字取值如表 4-4 所示。

表 4-4　background-position 关键字取值

属　性　值	说　明
left	水平方向靠左
right	水平方向靠右
center	水平或垂直方向居中
top	垂直方向靠上
bottom	垂直方向靠下

如果只指定一个关键字值,则第二个值默认为 center。

例如,设置背景图像水平方向居中,垂直方向靠上:

```
body{
    ...
    background-position:center top;
}
```

当位置值为百分比时,其语法如下:

background-position:x% y%;

百分比数值同时应用于元素和背景图像,如 background-positoin:0% 0%,表示背景图像的左上角与元素的左上角对齐。background-positoin:100% 100%,表示背景图像的右下角与元素的右下角对齐。background-position:50% 50%,表示背景图像的中心点与元素的中心点对齐。background-position:75% 50%,表示背景图像(75%,50%)的点与元素(75%,50%)的点对齐,如图4-5所示。如果只提供一个百分比,则这个值是水平位置的值,垂直位置默认为50%。

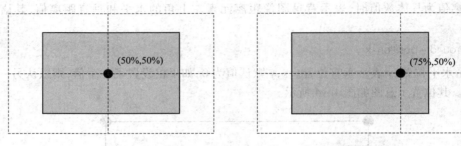

图4-5　background-position:x% y% 位置示意图

background-position 属性也可设置距离某个方向的具体大小,格式如下:

background-position:关键字 x 关键字 y

关键字为表4-4中的取值,x,y 表示偏离这个方向的具体值。例如,设置背景图像垂直方向上偏离底边10px,水平方向上偏离右边20px:

background-position:bottom 10px right 20px;

如果未指定某一方向偏离的具体值,则表示该方向的偏离值是0。例如:

background-position:left　　　top 15px;　　/* 背景图像偏离左边0px,偏离顶部15px */

 提示:

在指定 background-position 的属性值时,不能将关键字与具体数值或百分比联合使用。例如,background-position:center left 是正确的表达,但 background-position:50% left 是错误的表达。

(4) background-attachment

默认情况下,背景图像随文档一起滚动,当文档滚动到超过背景图像的高度时,背景图像就会看不见。如果希望背景始终固定在屏幕上,可用 background-attachment 属性进行设置。background-attachment 的属性值如表4-5所示。

表4-5　background-attachment 属性值

属性值	说明
fixed	背景固定
local	背景相对于元素的内容固定。如果元素有滚动机制则背景图像随着元素的内容滚动
scroll	随元素一起滚动

例如,设置背景固定:

```
body{
...
background-attachment:fixed;
}
```

【实例4-4】设置背景图像(实例文件 ch04/04.html)。

在这一实例中,为网页设置背景图像,并设置背景图像不重复、水平居中显示、固定。

```
body{
    color:#FFF;
    background-image:url(images/bg.jpg);
    background-repeat:no-repeat;
    background-position:center top;
    background-attachment:fixed;
}
```

浏览网页,效果如图4-6所示。

图4-6　背景图像效果

(5) background

上面所述是利用不同的属性分别对背景图像、重复性、位置等进行设置。也可以用 background 属性指定有关背景图像的复合属性,各属性值以空格隔开,各属性值之间没有先后顺序,每个属性值就是一种背景图像的某个属性设定。例如,实例4-4中背景图像的设置,可以用下面的 background 属性来指定:

```
background:#999 url(images/bg.jpg) no-repeat fixed center top;
```

(6) background-size

如实例4-4所示,当图像大小与网页大小不匹配时,网页显示效果不美观。CSS3 提供了 background-size 属性,用来设置背景图像的大小。background-size 属性值说明如表4-6所示。

表 4-6 background-size 属性值

属性值	说　　明
auto	保持图像原始的尺寸
contain	保持图像固有的长宽比进行图像缩放,缩放至图像宽度和高度中的最大的一个值能占满屏幕。此时另一个值可能会出现不能填充满元素
cover	保持图像固有的长宽比进行图像缩放,缩放至图像宽度和高度中的最小的一个能占满屏幕。此时可能由于另一个值大于元素大小而使元素出现滚动条
具体值	设置背景图像的具体大小

【实例 4-5】设置背景图像的大小(实例文件 ch04/05.html)。

在上一实例的基础上,设置背景铺满浏览器容器。

```
body{
...
background-size:cover;
}
```

4.3　多　媒　体

4.3.1　音频元素

1. 音频格式

在网页中不仅可以插入图像,还可以插入声音,设置背景音乐。音频文件有多种格式,如.wav、.midi 和.mp3 等。设计者在确定采用哪种格式和方法插入声音时,需要考虑以下因素:插入音频的目的、音频文件的大小、声音品质和浏览器的支持度等。

下面介绍几种较为常见的音频文件格式以及每种文件格式在 Web 页面设计中的一些优缺点。

①. midi 或.mid(Musical Instrument Digital Interface,乐器数字接口,简称 MIDI):许多浏览器都支持 MIDI 文件,并且不需要插件。很小的 MIDI 文件就可以提供较长时间的声音剪辑。尽管 MIDI 文件的声音品质非常好,但声音效果会受到访问者声卡品质的影响。MIDI 文件不能进行录制,并且必须使用特殊的硬件和软件在计算机中合成。

②. wav(波形扩展):这种格式具有良好的声音品质,许多浏览器都支持此类格式文件并且不需要插件。可以从 CD、磁带、扬声器等录制 WAV 文件。但是,其较大的文件大小限制了可以在网页上使用的声音剪辑的长度。

③. aif(Audio Interchange File Format,音频交换文件格式,简称 AIFF):与 WAV 格式类似,也具有较好的声音品质,大多数浏览器都可以播放它并且不需要插件。用户也可以从 CD、磁带、扬声器等录制 AIFF 文件。但是,其较大的文件大小限制了可以在网页上使用的声音剪辑的长度。

④. mp3(Motion Picture Experts Group Audio Layer-3,运动图像专家组音频第 3 层,或称 MPEG 音频第 3 层,简称 MP3):一种压缩格式,它可使声音文件明显缩小而声音品质还比较好。MP3 技术使用户可以对文件进行"流式处理",以便访问者不必等待整个文件下载完成即可开始收听该文件。

⑤. ra、ram、rpm 或 Real Audio:这种格式具有非常高的压缩度,文件大小一般小于 MP3。因为可以在普通的 Web 服务器上对这些文件进行"流式处理",所以访问者在文件完全下载完之前就

可听到声音。但是访问者必须安装 RealPlayer 辅助应用程序或插件才可以播放这种文件。

⑥. qt、. qtm、. mov 或 QuickTime：这种格式是由 Apple Computer 开发的音频和视频格式。Apple Macintosh 操作系统中包含了 QuickTime，并且大多数使用音频、视频或动画的 Macintosh 应用程序都使用 QuickTime。PC 也可以播放 QuickTime 格式的文件，但是需要特殊的 QuickTime 驱动程序。

2. 在网页中插入音频

在网页中插入音频文件，可以使用 embed、object 元素或 HTML5 的 audio 元素。object、embed 这两个元素是定义资源（通常非 HTML 资源）的容器，根据类型，它们会由浏览器或外部插件显示。

（1）使用 embed 元素

embed 元素为外部应用或交互内容定义一个容器。embed 元素为空元素。尽管很久以来很多浏览器都支持 embed 元素，但它并不是 HTML4.0 的标准标签。embed 元素为 HTML5 新元素。embed 元素可以在网页中插入 Flash 动画、音频、视频等多媒体内容，IE、Chrome 等浏览器都支持 embed 元素，但 Firefox 目前还不支持 embed 元素。embed 元素的常用属性如表 4-7 所示。

表 4-7 embed 元素属性

属　　性	说　　明
src	指定嵌入对象的地址
type	指定嵌入对象的媒体类型
width	指定嵌入对象的宽度，属性值为正整数的像素值
height	指定嵌入对象的宽度，属性值为正整数的像素值
hidden	设置多媒体播放软件是否隐藏，默认值为 false，表示插入可见
loop	设置是否循环播放，默认值是 false，表示只播放一次

【实例 4-6】在网页中插入音频（实例文件 ch04/6. html）。

<embedsrc = "audio/cucSong. mp3" width = "100" height = "60" ></embed>

embed 元素在不同的浏览器上其外观不一样。如果需要将音频设置为背景音乐，可以设置其 hidden 属性及 loop 属性为 true。例如，将上述音频设置为背景音乐：

< embedsrc = "audio/cucSong. mp3" width = "300" height = "60" hidden = "true" loop = "true"></embed>

（2）使用 object 元素

object 元素用于定义一个嵌入对象，可以将多种资源插入 HTML 文档，如图像、音频、视频、Java Applet、ActiveX、PDF 以及 Flash 等。object 元素只负责将各种格式的资料配置到文件中，至于这些内容是否能正确显示，还要看浏览器是否支持。例如 Flash 动画，浏览器必须安装相应的插件，否则 Flash 动画无法显示在网页中。object 元素可用于 IE 浏览器或者其他支持 ActiveX 控件的浏览器。Firefox 不支持 object 元素。object 元素的常用属性说明如表 4-8 所示。

表 4-8 object 元素常用属性

属　　性	说　　明
data	指定对象数据源的位置
type	指定 data 属性的媒体类型
width	指定对象的宽度，属性值可为正整数的像素值或百分比值
height	指定对象的宽度，属性值可为正整数的像素值或百分比值

当 object 对象需要参数时,可通过 param 元素进行参数传递。param 元素为 object 元素的子元素,放在 object 元素的内容中。param 元素为空元素,没有结束标签。其常用属性如表 4-9 所示。

表 4-9 param 元素属性

属　　性	属性值	说　　明
name	字符串	参数的名称,属性值内容有大小写之分,大小写视为不同的内容
value	字符串	name 属性所指定的参数的值

例如:

<object height ="50" width ="200" data ="audio/cucSong. mp3" > </object >

提示:

①不同的浏览器对音频格式支持不同。
②同一插件在不同的浏览器中的外观显示有所不同。
③如果浏览器不支持该文件格式,或者没有相应插件时就无法播放该音频。

(3) audio 元素

在 HTML5 问世之前,如果需要在网页上展示音频、视频,需要在浏览器中安装相应插件。在 HTML5 中提供了音频元素 audio 和视频元素 video,这样播放音频、视频就不需要安装插件,只需要一个支持 HTML5 的浏览器即可。例如:

<audio src ="audio/cucSong. mp3" controls > </audio >

audio 元素常用属性如表 4-10 所示。

表 4-10 audio 元素常用属性

属　　性	属性值	说　　明
src	URL	指定媒体数据的 URL,属性值仅能为单一来源的 URL,不可指定多个。若需指定多个媒体来源,可用 source 元素指定
autoplay	autoplay	指定媒体元素是否在页面加载后自动播放。若未加上此属性,当媒体文件成功加载时不会自动播放。以下 3 种设定方式意义相同: autoplay、autoplay = " "、autoplay = "autoplay"
loop	loop	指定是否自动循环播放音频或视频,如果未设置此属性,当媒体文件播放结束即停止播放。反之,则将从头开始重复播放。下列 3 种设定方式意义相同: loop、loop = " "、loop = "loop"
preload	auto、metadata、none	设定是否在页面加载的同时加载媒体文件。none:当网页文件加载时,不同时加载媒体文件; metadata:当网页文件加载时,只加载媒体文件的相关信息(如文件大小、时间长度等信息); auto 表示加载全部音频或视频。若未设定此项,则等同于设定此属性为 preload = "auto"。若已设定 autoplay 属性,则此属性的设定无效
controls	controls	指定是否显示播放控制面板,如播放、暂停按钮等。若未设置此属性,表示不显示播放控制面板。以下 3 种设定方式意义相同: controls、controls = " "、controls = "controls"

目前主流浏览器都支持 audio 元素。audio 元素支持的媒体类型为 MP3、WAV、OGG。各浏览器对 audio 元素支持的音频格式不完全一样,具体如表 4-11 所示。

表4-11 各浏览器对audio元素所支持的音频格式

音频格式	IE 9	Firefox3.5	Opera10.5	Chrome4.0	Safari4.0
OGG	NO	YES	YES	YES	NO
MP3	YES	YES	YES	YES	YES
WAV	NO	YES	YES	YES	YES

（4）source 元素

当audio元素需要指定多个播放对象时,可以用HTML5新增的source元素来指定。它是video与audio元素的子元素。在video与audio元素内,可同时使用多个source元素指定多个媒体来源。浏览器会播放第一个可识别的音频或视频文件。当video与audio元素内指定了source元素,则不可再为video与audio元素指定src属性,否则video与audio元素内的source元素等同无效。source元素常用的属性如表4-12所示。

表4-12 source元素常用属性

属性	属性值	说明
src	URL	指定媒体文件的URL
type	媒体类型	指定播放资源的媒体类型
media	媒体查询	指定播放来源是哪一种媒体或设备。可以接受CSS中定义的任何有效媒体查询

【实例4-7】在网页中插入音频（实例文件ch04/07.html）。
在这一实例中,利用audio元素在网页中插入音频。

```
<audio controls>
    <sourcesrc="audio/cucSong.mp3" type="audio/mpeg">
    <sourcesrc="audio/cucSong.ogg" type="audio/ogg">
</audio>
```

上面的例子插入了MP3及OGG格式音频。audio元素的媒体类型如表4-13所示。

表4-13 audio元素的媒体类型

文件格式	媒体类型
MP3	audio/mpeg
OGG	audio/ogg
WAV	audio/wav

为了使音频在大多数浏览器上都能播放,可采用"<audio> + <embed>"的方式：

```
<audio controls height="60" width="100">
    <sourcesrc="audio/cucSong.mp3" type="audio/mpeg">
    <sourcesrc="audio/cucSong.ogg" type="audio/ogg">
    <embed height="60" width="100" src="audio/cucSong.mp3"></embed>
</audio>
```

📌 提示：
①使用IE浏览器浏览时,需要允许阻止的内容才能播放音频。
②如果使用preload属性进行预加载,浏览器会将音频或视频数据进行缓冲,从而在音频或视频开始播放时减少延迟。

4.3.2 视频元素

因为视频承载的信息量比文本和静态图像更多、更详细,用视频呈现内容会更直观、更真实、更易懂,同时给浏览者的印象也会更深刻。因而可在网页中根据内容需要,合理使用视频。

网页中常用的视频格式有 AVI、WMA、MPEG、RM/RMVB、MOV、FLV 视频等。

1. 插入视频

(1) 用 embed 或 object 元素插入视频

用 embed 或 object 插入视频,使用方法与插入音频的方法相同。例如:

```
<embed src ="video/Chrismas.swf" width ="700" height ="500"></embed>
```

(2) 使用 video 元素

video 元素是 HTML5 中新增的元素,用于插入非 FLV 视频对象。video 元素与 audio 元素很多属性相同,除此之外,video 元素还有一个特殊的属性 poster,该属性用来指定未播放视频时显示的封面图像。例如:

```
<video src ="video/cuc.mp4" poster ="images/cuc1.jpg" controls ></video>
```

video 元素支持的媒体类型包括 MP4、WebM、OGG。各浏览器支持的 video 元素的可播放视频格式也有所不同,具体如表 4-14 所示。

表 4-14 各浏览器中 video 元素支持的视频格式

视频格式	IE9	Firefox3.5	Opera10.5	Chrome4.0	Safari4.0
MP4	YES	YES	YES	YES	YES
WebM	NO	YES	YES	YES	NO
OGG	NO	YES	YES	YES	NO

video 元素的媒体类型如表 4-15 所示。

表 4-15 video 元素的媒体类型

文件格式	媒体类型
MP4	video/mp4
WebM	video/webm
OGG	video/ogg

为了使视频在大多数浏览器上都可以播放,可采用"HTML5 + <object> + <embed>"的方式。

【实例 4-8】在网页中插入视频(实例文件 ch04/08.html)。

```
<video width ="720" height ="576" controls >
<source src ="video/cuc.mp4" type ="video/mp4">
<source src ="video/cuc.ogg" type ="video/ogg">
<source src ="video/cuc.webm" type ="video/webm">
<object data ="video/cuc.mp4" width ="720" height ="576">
    <embed src ="video/cuc.swf" width ="720" height ="576"></embed>
</object>
</video>
```

上述例子会依次尝试以 MP4、OGG 或 WebM 格式中的一种来播放视频。如果均失败,则回退到<embed>元素。

2. 在网页中插入来自视频网站的视频

如果需要插入来自视频网站的视频,可以利用其分享功能将视频网站中的视频直接插入网页中,如图4-7所示。

图4-7 爱奇艺网站的分享功能

把"html 代码"中的代码复制到网页的代码中,即可在网页中嵌入视频。

<embed src ="//player. video. iqiyi. com/53af58abe49815dea84bf057faefe4ab/0/0/v_19rr8qq9ic. swf-albumId=804781000-tvId=804781000-isPurchase=0-cnId=undefined" allowFullScreen="true" quality="high" width="480" height="350" align="middle" allowScriptAccess="always" type="application/x-shockwave-flash" ></embed>

思考与练习

一、判断题

1. jpg 格式的图像最适合显示色调不连续或者具有大面积单一颜色的图像,如导航条、按钮等。   (   )
2. 在 CSS 中颜色只可以用 RGB 模式表示。   (   )
3. 网页中不可以使用 PNG 格式的图像。   (   )
4. 可以通过设置 CSS 的 background-size 属性设置背景图像的大小。   (   )
5. 可以通过 video 元素在网页中插入视频。   (   )

二、单选题

1. 下面有关背景样式,说法不正确的是(   )。
   A. 默认情况下,背景图像是不平铺的
   B. color 属性设置文字颜色,background-color 设置背景颜色
   C. background-position 属性用来设置背景图像的位置
   D. background-repeat:repeat-x 可以实现背景图像在水平方向上平铺

2. 下面 RGB 颜色表达形式错误的是(　　)。
   A. #0C0　　　　　B. ##00CC00　　　　C. rgb(0,260,0)　　　　D. rgb(0%,60%,0%)
3. 网页安全色共有(　　)种颜色。
   A. 128　　　　　B. 216　　　　　　　C. 512　　　　　　　　D. 1 024
4. 下面(　　)不是网页中可以使用的图像格式。
   A. JPEG　　　　B. GIF　　　　　　　C. PNG　　　　　　　　D. BMP
5. (　　)标签用于定义 HTML 页面中的图像。
   A. <img>　　　　B. <image>　　　　　C. <picture>　　　　　　D. <figure>
6. 下面(　　)不是 background-repeat 属性可用的属性值。
   A. no-repeat　　B. repeat-xy　　　　C. repeat-x　　　　　　D. repeat-y
7. embed 元素的属性不包括(　　)。
   A. src　　　　　B. height　　　　　　C. width　　　　　　　D. start

三、思考题
网页中插入图像与设置背景图像在实现与使用上有哪些不同?

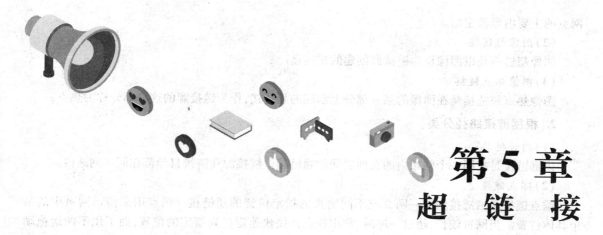

第 5 章 超 链 接

◎教学目标：

通过本章的学习,掌握超链接的基本知识,网页中超链接的建立及超链接样式的设置。

◎教学重点和难点：

- 超链接元素及常用属性
- 超链接的样式设置

网站中的每个网页都是通过超链接联系在一起的,超链接是网页中最重要、最根本的元素之一。浏览者可以通过单击网页中的超链接,轻松实现网页之间的跳转、文件下载等操作。

5.1 超链接概述

5.1.1 超链接的概念

网站中的各个网页链接在一起后,才能真正构成一个网站。超链接把不同单位、不同地区、不同国家的网站链接起来,使得 Internet 成为信息的海洋。超链接(Hyperlink)是指从网页上的一个元素指向一个目标的连接关系。建立超链接需要明确链接源和链接目标。

链接源是要创建链接的对象,可以是文字、图像、动画等。

链接目标是要跳转到的对象。链接目标可以是另一个网页,也可以是网页中的某一位置,还可以是一张图片、一个电子邮件地址、一个文件,甚至是一个应用程序。

链接路径是从链接源到链接目标的途径。

5.1.2 超链接的种类

依据不同的分类标准,超链接有不同的分类结果。下面分别根据链接源、链接路径、链接目标对超链接进行分类。

1. 根据超链接的链接源分类

（1）文本超链接

文本超链接是以文本作为链接源的超链接。作为链接源的文本一般带有标志性,它标志链接网页的主要内容或主题。

(2) 图像超链接

图像超链接是以图像作为链接源创建的超链接。

(3) 图像热点链接

图像热点超链接是在图像的某一部分上创建的超链接,作为链接源的这一部分称为热点。

2. 根据链接路径分类

(1) 内部链接

内部链接是指同一个网站内的页面之间的超链接。链接源和链接目标都在同一网站内。

(2) 锚点链接

锚点链接是指链接到同一网页或不同网页的指定位置的超链接。锚点用来指示网页中的某个具体位置。当网页较长,超过一屏时,常用锚点链接快速定位到指定的位置,而不用不断地拖动鼠标寻找目标位置。

(3) 外部链接

外部链接是指链接到其他网站的超链接。外部链接的目标在本网站以外的其他网站。

3. 根据超链接的链接目标分类

(1) 网页文档链接

链接目标是一个网页文档,这种是最常用的超链接。

(2) 锚点链接

链接目标是当前网页或其他网页中的一个锚点。关于锚点链接前面已经介绍过。

(3) 多媒体文件链接

链接目标是一个多媒体文件,如图像、音频、视频等。

(4) E-mail 链接

链接目标是 E-mail 地址,单击链接源会启动邮件收发程序,如 Outlook、foxmail 等,并将收件人设置为指定的 E-mail 地址。

(5) 下载链接

下载链接是指链接目标不是浏览器能够识别的文档,如.rar、.cab、.zip、.exe 文件等,点击链接源将会出现下载提示。如果浏览器可以打开链接目标文档,则不再显示下载提示,而是直接打开。例如,链接目标是.mp3 文件,如果浏览器可以打开此类文件,则直接播放,如果不能打开此类文件,则显示下载提示。如果只是想让用户下载,而不是播放,可将其制作为压缩文件。

(6) 空链接

空链接是一个无指向的链接,通常用于为页面上的对象或文本附加行为。在制作网页过程中有时需要空链接响应鼠标事件。

5.1.3 链接路径

如何从链接源跳转到链接目标,需要链接路径的指示。链接路径有两种表示方法:绝对路径和相对路径。

1. 绝对路径

绝对路径是一个完整的 URL 地址。互联网上每个文件都有一个唯一的 URL(Uniform Resource Locator,统一资源定位器),它指出网页文件的位置以及浏览器应该如何处理它。URL 中包括协议(如 HTTP、FTP、RTSP 等)、域名、路径、网页文件名。例如,http://www.moe.gov.cn/index.html,其中 http 是协议,www.moe.gov.cn 是域名,index.html 是网页文件名。

绝对路径常用于外部链接。例如,在本地站点要添加一个链接到新浪网站的超链接,则要使用绝对路径 http://www.sina.com.cn。

使用绝对路径的好处是,它与链接源无关,即无论链接源所在的网页位置如何变化,只要链接目标的 URL 地址不变,都可以实现正常跳转。如果链接目标是其他站点上的内容,则必须使用绝对路径。

2. 相对路径

相对路径适合于网站的内部链接,它是一个文件相对于另一个文件的路径。相对路径分为文档相对路径、站点根目录相对路径。

文档相对路径是指链接目标文件相对于当前页面所在位置的路径。文档相对路径在写法上是省略当前文档和链接目标文档的相同 URL 部分,只提供不同的路径部分。如果要链接到同一目录下,则只需要输入要链接文档的名称。如果要链接到下一级目录的文件,则先输入目录名,然后加"/",再输入文件名。如果要链接到上一级目录的文件,则先输入"../",再输入目录名和文件名。假设网站的目录结构如图 5-1 所示。

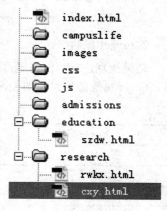

图 5-1 网站目录结构

①cxy.html 要链接到 rwkx.html,两文件在同一目录下,则超链接的相对路径是"rwkx.html"。

②index.html 要链接到 research 目录下的 xcy.html 文件,链接目标文件在链接源文件的子目录中,则链接的相对路径是"research/cxy.html"。

③cxy.html 要链接到 education 目录下的 szdw.html,链接目标文件在链接源父目录中,则链接的路径是"../education/szdw.html"。

站点根目录相对路径是指链接目标相对于站点根目录的链接路径,它提供从站点的根文件夹到文档的路径。站点根目录相对路径以一个"/"开始,该"/"表示站点根文件夹,如"/research/cxy.html"。站点根目录相对路径适用于内部链接,但这种方式建立的链接,需要将网站发布到 Web 服务器,超链接才可以正常跳转。如果只是以本地文件的方式打开网页,则打不开网页中的站点根目录相对路径超链接,因为浏览器找不到站点根目录。

5.2 创建超链接

5.2.1 创建文本超链接

创建超链接,需要用 HTML 的 a 元素,它的常用属性如表 5-1 所示。

表 5-1 超链接属性

属 性	说 明
href	指定链接目标的路径
name	在 HTML5 以前的版本中用于定义锚点名称
target	定义链接目标在何处打开
title	设置链接提示文字

1. href 属性

href 属性的值是超链接的 URL。URL 可以是相对路径、绝对路径,也可以是一个锚点。

①绝对路径 URL:指向另一个站点(如 href = "http://www.sina.com.cn")。
②相对路径 URL:指向站点内的某个文件(href = "research/cxy.html")。
③锚点 URL:指向页面中的锚点(href = "#top")。

【实例 5-1】创建文本超链接(实例文件 ch05/01.html)。

在这一实例中,为"央视网"创建超链接,链接目标是"http://tv.cctv.com",并且鼠标指针悬停在超链接上时显示提示信息"链接到央视网"。

```
<a href ="http://tv.cctv.com" title ="链接到央视网">央视网 </a>
```

2. target 属性

超链接默认在当前窗口打开目标网页,如果要使目标网页在其他窗口打开,需要设置 target 属性。target 属性值的说明如表 5-2 所示。

表 5-2 target 属性值

属性值	说明
_blank	在新窗口中打开链接目标
_parent	在父框架中打开链接目标
_self	在同一个框架或同一窗口中打开链接目标
_top	在浏览器的整个窗口打开链接目标,忽略所有框架
new	新开一个窗口显示链接目标
框架名称	在指定框架中打开链接目标

如将上述实例中的超链接设置为在新选项卡中打开:

```
<ahref ="http://tv.cctv.com" target ="_blank">
```

属性值"_blank""new"均可实现在新窗口打开链接目标,但两者有所不同,设置为 target = "_blank" 的超链接,每打开一次超链接都新开一个窗口。但设置为 target = "new" 的超链接,只会在第一次新开一个窗口,此后同一网页中设置为 new 的超链接均在此窗口中打开。

属性值"_parent""_top 值"只对框架网页有效,如果不是框架网页,则设置为_parent、_top 的超链接与_self 效果一样,都是在当前窗口中打开。

5.2.2 创建图像及热点超链接

【实例 5-2】创建图像超链接(实例文件 ch05/02.html)。

在这一实例中,为 cctv - logo 图像创建超链接,并设置超链接在新的窗口打开。

```
<a href ="http://tv.cctv.com" target ="_blank">
<img src ="images/cctv - logo.jpg" width ="100" height ="100" />
</a>
```

从上述代码中可看到图像超链接与文字超链接一样,只不过 a 元素的内容不再是文字,而是 img 元素。

不仅可以为整张图像创建超链接,也可以为图像的一部分创建超链接。如需要为地图中的不同区域创建不同的超链接,可以用图像热点超链接实现。创建图像热点超链接,需要先创建热点区域,然后为热点区域创建超链接。

【实例 5-3】创建图像热点超链接(实例文件 ch05/03.html)。

在这一实例中,为地图创建了圆形、矩形、多边形 3 个热点区域,并为第一个热点区域创建了超链接。

```
<div id="container">
<img src="images/china.jpg" width="968" height="1187" usemap="#Map"/>
  <map name="Map">
    <area shape="circle" coords="714,376,11" href="https://baike.baidu.com/item/%E5%8C%97%E4%BA%AC/128981?fr=aladdin">
    <area shape="poly" coords="66,445,15,354,38,302,145,273,181,231,237,207,312,255,384,329,312,393,274,449" href="#">
    <area shape="rect" coords="424,548,542,616" href="#">
  </map>
</div>
```

在 HTML 中,map 元素用于定义带有热点区域的图像映射。其 name 属性为图像映射命名,以便 img 元素的 usemap 属性引用。area 元素嵌套在 map 元素内。area 元素定义图像映射中的热区域。area 元素的常用属性如表 5-3 所示。

表 5-3 area 元素常用属性

属　　性	值	说　　明
shape	circle、rect、poly	定义热点区域的形状,可定义的形状有圆形(circle)、矩形(rect)、多边形(ploy)
coords	坐标值	热点区域形状的坐标。圆形区域为圆心坐标和半径,矩形为对角线坐标,多边形为各顶点坐标
href	URL	链接目标的 URL
target	_blank、_parent、_self、_top	链接目标打开的位置

热点区域可借助一些可视化网页工具如 Dreamweaver 来生成。

5.2.3 创建锚点超链接

锚点超链接通常用于链接到网页的某个具体位置。当网页较长时,需要不断地滚动鼠标才能找到需要的内容,这时可以建立一个锚点超链接,快速定位到需要的位置。创建锚点超链接需要两个步骤:创建锚点;创建指向锚点的超链接。

【实例 5-4】创建锚点超链接(实例文件 ch05/04.html)。

①在网页中各频道具体介绍之前创建锚点。

```
<a id="cctv1"> </a> CCTV-1 综合
<a name="cctv3"> </a> CCTV-3 综艺
```

上述代码列出了锚点创建的几种情况。锚点不会在浏览器中显示,只是用来标记网页中的某个位置。在 HTML5 之前的版本中,通过 name 属性为锚点命名;在 HTML5 中,通过 id 属性为锚点命名。在命名锚点时,必须遵循以下规定:

a. 只能使用字母和数字,不建议使用中文。

b. 锚点名称的第 1 个字符最好是英文字母,不能以数字作为锚记名称的开头。
c. 锚点名称区别英文字母的大小写。
d. 锚点名称间不能含有空格,也不能含有特殊字符。

②创建指向锚点的超链接。在同一文档中创建锚点超链接,a 元素的 href 属性为"#锚点名称"或"#锚点 id"。

<ahref ="#cctv1">CCTV-1 综合 </a>

如果锚点和链接源对象不在同一个网页中,则在创建锚点超链接时,href 属性的属性值是"URL#锚点名称或 id"。

5.2.4 创建邮件超链接

通过邮件超链接,可以方便地给网站发送意见、建议、反馈等信息。单击邮件超链接,可以打开客户端默认的邮件收发软件,如 Outlook、foxmail 等。邮件超链接与一般超链接的建立类似,只不过是链接目标的 URL 写法有所不同。

【实例 5-5】创建邮件超链接(实例文件 ch05/05.html)。

在这一实例中,为"联系我们"创建邮件超链接,邮箱地址为 admin@163.com。

<a href ="mailto:admin@163.com">联系我们 </a>

href 属性值为"mailto:邮箱地址"。

如果收件人不止一个,可以用分号将邮件地址分开,例如:

<a href ="mailto:admin@163.com;sales@sina.com">联系我们 </a>

5.2.5 创建空链接

在网页设计中,有时只需要超链接的一些行为或特性,而不需要其链接到任何目标。例如,为网页制作导航菜单时,一级导航菜单通常不需要跳转到任何页面,只需要其显示导航的样式,这时我们可以设置其为空链接。空链接的实现有两种方式:

方法 1:

<a href ="#" >链接源 </a>

方法 2:

<a href ="javascript:;" >空链接 </a>

这两种方法都可以设置空链接,但效果稍有不同。在方法 1 中,"#"包含了一个位置信息,默认的是页面顶部,当页面很长时,单击空链接会跳转到网页开始的位置。通过方法 2 实现的空链接被单击后,浏览器不会产生任何跳转。

5.2.6 创建脚本链接

脚本链接可以执行 JavaScript 代码或调用 JavaScript 函数。其语法格式如下:

<a href ="javascript:…" >链接源 </a>

javascript:后面是 JavaScript 语句或函数名。例如,单击"退出"按钮,弹出警告信息:

<a href ="javascript:alert('退出考试系统后,将不能再答题')">退出 </a>

有关 JavaScript 更多的内容,将在后面的章节学习。

5.3 超链接的 CSS

浏览网页时,浏览器会以默认的方式显示超链接的各个状态。如果默认样式不能满足要求,可以根据需要,设计不同状态下的链接样式。超链接有未访问过、已访问过、鼠标悬停、激活 4 种状态。超链接的 4 种状态分别对应 4 个 CSS 伪类。如果想要改变超链接的样式,可以通过以下几个选择器进行设置。语法描述如下:

```
a:link{声明1;声明2;…}         /*未访问过的链接样式*/
a:visited{声明1;声明2;…}      /*已访问过的链接样式*/
a:hover{声明1;声明2;…}        /*鼠标悬停时的链接样式*/
a:active{声明1;声明2;…}       /*激活时的链接样式*/
```

1. a:link

a:link 用于设置超未访问过的超链接样式。

2. a:visited

a:visited 用于设置已访问过的超链接样式。把已访问过的超链接设置为与未访问过的超链接不同的样式,可以明显地提醒用户,该链接已经被访问过。

【实例 5-6】设置超链接样式(实例文件 ch05/06.html)。

在这一实例中,设置超链接未访问过和已访问过状态下不同的样式。

```
a:link {
        color:#32a2d5;
        text-decoration:none;
}
a:visited {
        text-decoration:none;
        color:#66003;
}
```

浏览网页,单击超链接后,会看到已访问过的超链接颜色不同于未访问过的超链接颜色。

3. a:hover

a:hover 伪类用于设置鼠标悬停在超链接上时的样式。例如:

```
a:hover {
        text-decoration:underline;
        color:#32a2d5;
}
```

浏览网页可以看到鼠标悬停时,超链接具有下画线样式。

4. a:active

a:active 用于设置超链接被用户激活时(当用鼠标交互时,指的是按下鼠标主按键不释放)的样式。在实际应用中,这个伪类样式应用较少。对于无 href 属性的 a 元素,此伪类不发生作用。

例如：

```
a:active {
text-decoration:none;
}
```

提示：

当设置超链接的伪类时，请注意顺序，要遵循 LoVe/HAte 原则，即遵循 link、visited、hover、active 的顺序。如果顺序不对，超链接的某些样式无法显示。

a 类型选择器的优先级低于超链接各伪类的优先级，如果两者有冲突，则显示相应状态下的样式。例如：

```
a{
    font:18px "黑体";
    color:#F00;
    text-decoration:none;
}
a:hover{
    color:#00F;
}
```

当鼠标指针悬停在超链接上时，显示蓝色，而不是红色，如果没有定义 a:hover，则链接显示为红色。

直接定义 a 类型选择器及各状态下的伪类，整个网页上的超链接都显示为所设置的样式，如果需要在网页上不同的区域设置不同的超链接样式，则需要使用后代选择器。

【实例 5-7】在不同区域设置不同的超链接样式（实例文件 ch05/07.html）。

在这一实例中，通过后代选择器，网页中的#container 区域与#footer 区域中的超链接分别显示为蓝色和白色。

```
#container a:link {
    text-decoration:none;
    color:#32a2d5;
}
#footer a:link {
    text-decoration:none;
    color:#FFF;
}
```

思考与练习

一、判断题

1. 邮件超链接只能设置一个目标邮箱。　　　　　　　　　　　　　　　　　（　　）
2. 一个网页中只能设置一种超链接样式。　　　　　　　　　　　　　　　　（　　）
3. 超链接的几个伪类设置时无顺序要求。　　　　　　　　　　　　　　　　（　　）
4. a:visited 用于设置已访问过的超链接的样式。　　　　　　　　　　　　　（　　）

5. link 元素用于创建超链接。 ( )

二、单选题

1. 通过( )属性值可以设置超链接目标在新的窗口打开。
   A. _blank　　　　B. _top　　　　C. _self　　　　D. _parent
2. 超链接目标不可以是( )。
   A. 一个网页　　　B. 一张图片　　　C. 一个应用程序　　　D. 图像中的一部分
3. 超链接的链接目标需要用 a 元素的( )属性指定。
   A. src　　　　　B. href　　　　　C. alt　　　　　D. target
4. 通过( )可以链接到网页的特定位置。
   A. 内部链接　　　B. 外部链接　　　C. 锚点链接　　　D. 脚本链接
5. 下列( )可以创建邮件超链接。
   A. < a href = " abc@ sina. com" >联系我们 </a >
   B. < a href = " mailto:abc@ sina. com" >联系我们 </a >
   C. < a href = " javascript:abc@ sina. com" >联系我们 </a >
   D. < a href = "#abc@ sina. com" >联系我们 </a >
6. 下列有关超链接的说法中,正确的是( )。
   A. 不仅可以为文本设置超链接,也可以为图像设置超链接
   B. 锚点链接只能链接到当前网页的某个具体位置
   C. 可以使用 target 属性指定超链接的链接目标
   D. 只能使用系统默认的超链接样式

三、思考题

1. 在创建超链接时,什么情况下使用相对路径? 什么情况下使用绝对路径?
2. 如何为网页中不同部分的超链接设置不同的样式?

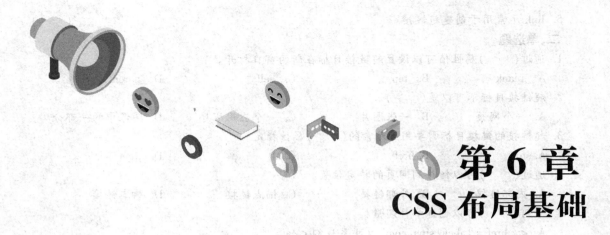

第6章 CSS布局基础

◎ **教学目标：**

通过本章的学习，理解浮动布局和位置定位布局的基本含义，并掌握利用这两种布局方式进行网页排版的基本方法。

◎ **教学重点和难点：**

- 浮动的概念
- 浮动的清除
- 位置定位布局

通过前几章的学习，我们已经掌握了在盒模型的基础上，实现具有一定内容和样式的网页。这些网页是按照常规文档流的方式来显示的。在CSS中，提供了浮动布局和位置定位布局来打破常规文档流的显示方式，从而支持更加丰富的排版布局。

6.1 基础知识

6.1.1 块级元素和行内元素

浏览器在显示网页时，依照网页元素种类的不同，而采用不同的规则进行布局显示。根据网页元素在排版布局时占据空间的块类型，网页中的元素可被分为块级元素和行内元素。

1. 块级元素

块级元素在默认显示状态下占据整行，其他元素在下一行中显示。
例如，div、h1-h6、p、section、header、article、aside、footer 等元素都是块级元素。

2. 行内元素

行内元素与块级元素相反，在默认显示状态下，允许下一个元素与它在同一行中显示。
例如，strong、em、a、span 等元素都是行内元素。

3. 块级元素和行内元素的相互转换

块级元素和行内元素可以相互转换。在CSS中，提供了display属性来对元素的块类型进行设置,它的一些常用属性值如表6-1所示。

表6-1 display属性

属性值	说明	示例
none	此元素不会被显示	display:none;
block	此元素显示为块级元素,单独占据整行	display:block;
inline	此元素显示为行内元素,可以与其他元素在同一行中显示	display:inline;
inline-block	此元素为行内块级元素	display:inline-block;

> **提示:**
> 除了表6-1中的属性值,display的属性值还可以是table、list-item、flex等。其中,list-item属性值会使元素具有项目符号,table属性值会使元素具有表格的特征,它们都可以把元素转换为块级元素。flex属性值会使元素成为响应式弹性容器,将在第7章进行讲解。

【实例6-1】使用display转换网页元素的块类型(实例文件ch06/01.html)。

在这一实例中,网页中包含多个div元素,以及多个span元素。

```
<body>
<div>块级元素</div>
<div>块级元素</div>
<span>行内元素</span> <span>行内元素</span> <span>行内元素</span>
</body>
```

按照网页元素默认的块类型,每个div元素将占据一整行,多个span元素显示在同一行中,如图6-1所示。

如果通过display属性改变span元素的块类型,把display设置为block:

```
span{
display:block;
}
```

span元素被转换为块级元素,在显示时占据一整行,在浏览器中的显示效果如图6-2所示。

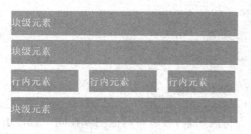

图6-1 块级元素和行内元素的默认状态　　图6-2 改变span元素为块级元素

通过设置display为inline-block,可以使网页元素成为行内块级元素,它同时兼具块级元素和行内元素的特征,既表现为一个块状元素,又可以与其他元素在同一行显示。这3种块类型的区别如表6-2所示。

表6-2　3种块类型的区别

块类型	默认宽度	允许与其他元素同行	允许设置内、外边距	允许设置宽度、高度
块级元素	父元素宽度	否	是	是
行内元素	内容宽度	是	是	否
行内块级元素	内容宽度	是	是	是

通过设置display为none,可以使网页元素隐藏,并且不在网页中占据空间。关于网页元素的显示或隐藏,CSS中还提供了visibility属性和opacity属性。

（1）visibility属性

visibility属性用于设置网页元素的可见性。它的默认值是visible,表示设置网页元素可见;如果把visibility设置为hidden,表示设置网页元素隐藏。与通过把display设置为none来隐藏网页元素的区别是:visibility属性设置为hidden的元素,仍然在网页中占据空间,只是不显示。

（2）opacity属性

opacity属性用于设置网页元素的透明度。opacity属性的取值在0~1之间。0为全透明,即隐藏网页元素,1为不透明,0~1之间的值可以完成网页元素不同透明度的设置效果。

6.1.2　常规文档流

浏览器在显示网页时,根据网页元素的块类型,按照从上至下的顺序展现,这被称为"常规文档流"(Normal flow)。例如,假设网页中包含标题、图像、段落等多个元素,按照常规文档流的显示规则,显示效果如图6-3所示。

图6-3　常规文档流

标题、段落都为块级元素,换行显示;图像为行内元素,可以与其他图像在同一行显示。

6.1.3　盒模型进阶

1. 通过box-sizing改变宽度、高度的计算方式

在第3章网页元素的盒模型中,通过CSS中的width属性和height属性设置网页元素的宽度和高度时,设置的是网页元素内容部分的宽度和高度。因此,在计算网页元素的整体宽度时,需要进一步结合内边距和边框的数值才能得出最终结果。这些额外的计算使得网页布局的设计过程较为烦琐。

通过 CSS 中的 box-sizing 属性,可以改变盒模型宽度和高度的计算方式。box-sizing 属性的取值可以是以下两个:

①content-box:默认值,width 属性和 height 属性设置的是内容部分的宽度和高度。
②border-box:width 属性和 height 属性设置的是包含边框、内边距、内容 3 个部分的宽度和高度的总和,如图 6-4 所示。

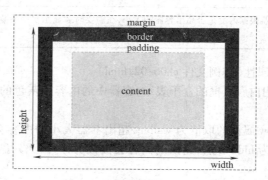

图 6-4　border-box 的宽度计算方式

2. 外边距的合并

在常规文档流中,当一个网页元素显示在另一个网页元素上面时,上面网页元素的下外边距与下面网页元素的上外边距会产生合并,如图 6-5 所示。

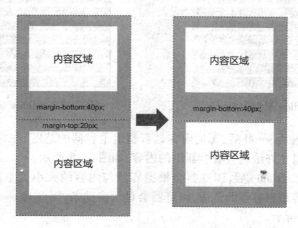

图 6-5　常规文档流中垂直外边距的合并

在图 6-5 所示的案例中,上面网页元素的下外边距为 40px,下面网页元素的上外边距为 20px。产生合并后,两者之间垂直方向的距离是其中的较大值,即 40px。与垂直方向不同的是,同一行中的两个网页元素,水平方向的外边距不会发生合并。

3. 内容溢出

当容器元素设置宽度和高度后,如果容器元素的大小不能容纳容器元素中的内容,在 CSS 中通过 overflow(溢出)属性来控制应该如何显示超出的内容,它的属性值如表 6-3 所示。

表6-3 overflow 属性

属性值	说明	示例
visible	如果容器元素中的内容超出了容器元素的大小,则允许内容从容器元素中溢出。它是overflow的默认。	overflow:visible;
hidden	任何超出的内容将会被裁剪,不会显示出来	overflow:hidden;
scroll	容器元素中会出现水平和垂直的滚动条,可以滚动显示容器元素中的内容。需要注意的是,即使内容没有溢出容器元素,容器元素中仍然会显示水平和垂直滚动条	overflow:scroll;
auto	浏览器根据内容是否超出容器的大小,在需要时才显示水平或垂直滚动条	overflow:auto;

【实例6-2】overflow 属性(实例文件 ch06/02.html)。

在这一实例中,容器用白底黑框的盒子表示,容器中的内容用灰色的线条表示,容器的宽度和高度都小于内容的大小。

在默认情况下,overflow 属性的取值为 visible,超出容器大小的内容会全部显示,如图6-6所示。当设置 overflow 属性为 hidden 后,超出的内容会被裁剪掉,因此只显示容器范围内的内容,如图6-7所示。

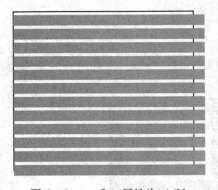
图6-6 overflow 属性为 visible

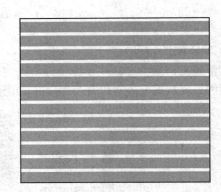
图6-7 overflow 属性为 hidden

当设置 overflow 属性为 scroll 后,无论内容是否超出了容器的范围,在容器的垂直方向和垂直方向都会显示滚动条,以允许滚动查看容器中的内容,如图6-8所示。

当设置 overflow 属性为 auto 后,浏览器会根据容器与内容的大小关系决定是否显示滚动条。对于这一案例,由于内容超出容器的范围,浏览器会显示滚动条,因此与 overflow 属性设置为 scroll 的效果相同,如图6-9所示。

提示:

不同的浏览器在显示滚动条时,滚动条的外观会有差异,有些浏览器显示为扁平风格,有些浏览器显示为立体风格。

除了 overflow 属性,CSS3 中还提供了 overflow-x 属性和 overflow-y 属性,它们可以分别控制水平方向和垂直方向的裁剪规则,提供了更精细的控制。overflow-x 属性和 overflow-y 属性的取值与 overflow 属性相同,也可以采用表6-3中的4个属性值。例如,设置容器元素水平方向进行裁剪,垂直方向有滚动条:

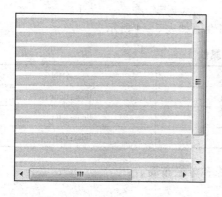 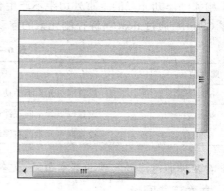

图 6-8　overflow 属性为 scroll　　　　图 6-9　overflow 属性为 auto

```
overflow-x:hidden;
overflow-y:scroll;
```

这时,网页的效果如图 6-10 所示。

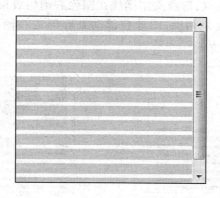

图 6-10　分别设置 overflow-x 属性和 overflow-y 属性后的效果

6.2　浮动布局

在前面提到的常规文档流中,网页中的元素按照它们在 HTML 结构中的顺序及块类型在浏览器中显示。要打破网页元素在常规文档流中的定位,使网页元素从常规文档流中脱离出来,从而实现灵活的布局效果,浮动布局是常用的手段之一。

6.2.1　设置浮动

一般情况下,浮动布局的使用场景是:在一个作为容器的父元素内,同时包含多个子元素。子元素设置浮动后,按照以下 CSS 中浮动的规则进行布局:

①被设置为浮动的元素可以设置向左或向右浮动,直到它的外边缘碰到包围元素的边缘或其他浮动元素的边缘。

②如果没有足够的空间来容纳多个并排的浮动元素,容纳不下的浮动元素会移动到下一行。

③浮动元素不再位于常规文档流中,因此浮动元素下方的元素会向上垂直移动,就像浮动元素不存在一样。但是移动上来的元素的长度会缩减,来为浮动元素留出空间。

④相邻的浮动元素的垂直外边距不产生合并。

在 CSS 中，通过 float 属性控制元素的浮动，它的属性值如表 6-4 所示。

表 6-4 float 属性

属性值	说　　明	示例
none	设置网页元素不浮动。为默认值	float:none;
left	设置网页元素向左浮动	float:left;
right	设置网页元素向右浮动	float:right;

来看两种通过浮动实现的基本布局：文本环绕图像和分栏布局。

1. 文本环绕图像

假设在网页中有一个容器元素，在容器元素中包含图像和段落文字。在设置图像浮动前，由于段落是块级元素，因此段落位于图像下方，按照常规文档流的方式显示，如图 6-11 所示。

在设置图像向左浮动后，图像不再位于常规文档流中，段落元素会向上移动到图像的位置，但是段落文字的长度会缩减，形成文字围绕在图像右侧的效果，如图 6-12 所示。如果设置图像向右浮动，那么显示效果相反，图像会浮动到容器的右侧，段落文字会围绕在图像的左侧。

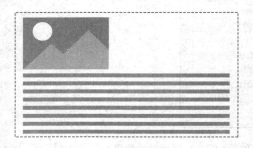

图 6-11 设置图像浮动前

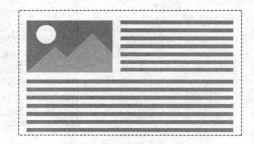

图 6-12 设置图像浮动后

2. 分栏布局

假设在网页中有一个容器元素，在容器元素中又包含多个子容器元素，按照常规文档流显示时如图 6-13 所示。

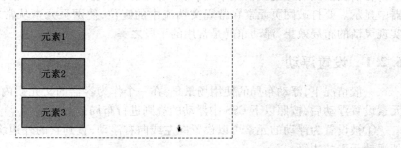

图 6-13 分栏布局的初始形式

当设置元素 1 向左浮动后，它脱离常规文档流并向左浮动，直到它的左边缘碰到包含元素的左边缘。当设置元素2向左浮动后,元素2会浮动到元素1的右侧。同样,当设置元素3向左浮动后,元素3会浮动到元素2的右侧。这时,由于所有的子元素都脱离了常规文档流,外围的容器元素不再包含可以撑起空间的内容,因此外围容器元素的高度将为0,如图6-14所示(注:外围容器元素高度为0后,如果没有边框和内边距,将不再能够被观察到,图中的容器元素设置了边框和内边距,因此能够看到一个虚线框,以方便观察)。

如果设置元素1、元素2、元素3向右浮动,那么元素1脱离常规文档流向右浮动,直到它的右边缘碰到包含元素的右边缘。元素2、元素3浮动后,按照类似的规则,最终的布局形式如图6-15所示。

图6-14 子元素向左浮动

图6-15 子元素向右浮动

如果包含元素的宽度不足以容纳水平排列的浮动元素,那么后面的浮动元素会移动到下一行显示,如图6-16所示。

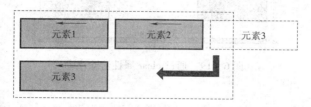
图6-16 浮动元素的换行

通过浮动的灵活运用,可以创建各种不同的布局,如图6-17和图6-18所示。

图6-17 通过浮动实现的布局版式A

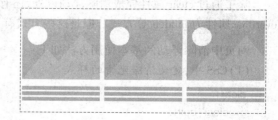
图6-18 通过浮动实现的布局版式B

在图6-17中,左侧的图像可以设置向左浮动,右侧的两幅图像可以设置向右浮动;或者设置所有的图像都为向左浮动,通过设置外边距增加它们之间的留白空间。

在图6-18中,由3个同样布局的容器元素组成,每个容器元素都设置向左浮动。在每个容器元素内部,按照常规文档流的方式从上至下显示图像、文字。

6.2.2 浮动的清除

在CSS中除了提供float属性进行浮动的控制,同时也提供了clear属性来控制浮动对其他元素造成的影响。某个块级元素通过设置clear属性,可以设置是否允许它与前面的向左浮动或向右浮动的元素在同一行显示,如表6-5所示。

表 6-5 clear 属性

属性值	说明	示例
left	设置此元素的上边框位于它之前的向左浮动元素的底边框下方	clear:left;
right	设置此元素的上边框位于它之前的向右浮动元素的底边框下方	clear:right;
both	设置此元素的上边框位于它之前的向左浮动以及向右浮动元素的底边框下方	clear:both;
none	设置此元素可以与浮动元素出现在一行	clear:none;

可以通过 clear 属性在网页中创建类似于"分隔线"这样的清除元素,来阻断浮动元素对后面元素产生的影响,如图 6-19 所示。并且,子元素浮动后导致高度为 0 的外围容器元素,由于包含了清除元素,而清除元素位于浮动元素的下方,因此外围容器元素的高度可以恢复对浮动元素的包围。

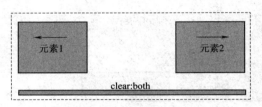

图 6-19 通过 clear 属性清除浮动

提示:

与字面意义上的"清除"不同,clear 属性并不会使原来浮动的元素不再浮动。它只是规定具有 clear 属性的块级元素是否能够与浮动元素在同一行显示。

除了通过 clear 属性完成清除浮动以外,还有通过设置外围容器元素浮动、设置外围容器元素 overflow 属性为 hidden 等方式。但是这些方式有一些副作用,因此不作为推荐方法。

网页中清除浮动的基本使用方法如下:

(1) CSS 中,定义清除元素的样式

```
.clear{
    clear:both;
}
```

(2) HTML 中,在外围容器元素的最后创建清除元素

```
<div id="container">
    <div class="float-left">浮动的内容</div>
    <div class="float-right">浮动的内容</div>
    <div class="clear"></div>
</div>
```

这种方法的缺陷是需要在 HTML 中显式地创建清除元素。利用 CSS 中的 after 伪元素,可以隐式地创建网页元素。目前在网页设计领域,人们经常采用由 Tony Aslett 提出来的借助 after 伪元素创建清除元素的方法:

① CSS 中,定义伪元素样式的方法如下:

```
.clearfix:after{
    content:".";
    display:block;
    height:0;
    visibility:hidden;
    clear:both;
}
```

其中,为了使伪元素具有内容,通过 content 属性设置伪元素的内容为一个"."。通过 display 属性设置伪元素为块级元素;通过 height 和 visibility 使伪元素为不可见元素;通过 clear 属性使伪元素不与它之前向左浮动或向右浮动的元素在同一行显示。

②HTML 中,在外围容器元素上应用样式的方法如下:

```
<div id="container" class="clearfix">
    <divclass="float-left">浮动的内容</div>
    <divclass="float-right">浮动的内容</div>
</div>
```

通过这种方式,可以把 clearfix 的样式定义放在公共的 CSS 文件中,在网页中需要清除浮动的外围容器上应用 clearfix 样式即可,简化了清除浮动的过程。

【实例 6-3】浮动以及浮动的清除应用一(实例文件 ch06/03.html)。

在这一实例中,container 元素作为容器元素,包含了 sidebar 元素和 content 元素。

```
<style>
.clearfix:after{
    ...
}
#container{
    border:1px dashed #00F;
}
#sidebar{
    float:right;
}
#content{
    float:left;
}
<style>
    <body>
        <div id="container">
            <div id="content">主要内容区域</div>
            <div id="sidebar">侧边栏区域</div>
        </div>
        <div id="footer">页脚区域</div>
    </body>
```

content 元素和 sidebar 元素分别向左浮动和向右浮动,不再被包含在 container 元素中,因此 container 的高度为 0,只能够看到上、下边框。同时,页脚区域会向上移动到浮动元素的周围,形成如图 6-20 所示的效果。

图 6-20　浮动后的错乱效果

为了恢复 container 的高度,并使页脚区域位于 container 的下方,只需要把 clearfix 类样式放在网页中,并在 container 上应用 cleafix 样式：

```
<div id="container" class="clearfix">
```

通过 clearfix 样式的作用,在 container 的最后动态生成了清除元素,形成期望的布局效果,如图 6-21 所示。

图 6-21　清除浮动后的效果

【实例 6-4】浮动以及浮动的清除应用二(实例文件 ch06/04.html)。

在这一实例中,viewspot 元素作为容器元素,包含了 pic 元素和 intro 元素。pic 元素和 intro 元素分别向左浮动和向右浮动。

```
<style>
.clearfix:after{
    ...
}
.viewspot{
    border-bottom:1px dashed #CCC;
    margin-bottom:20px;
}
.pic{
    float:left;
}
.intro{
    width:470px;
    float:right;
}
</style>
<body>
    <div class="viewspot">
        <div class="pic">
            <img src="images/imperialpalace.jpg" width="200" height="123">
```

```
            </div> <!--图像区域结束-->
            <div class=" intro" >
                    <h3>故宫</h3>
                    <p>故宫的旧称是紫禁城……</p>
            </div> <!--介绍区域结束-->
</div> <!--景点区域结束-->
...
</body>
```

与前面的实例类似,网页元素浮动后导致的后面网页元素向上移动等问题,造成了如图6-22所示的错乱的布局。

故宫
故宫的旧称是紫禁城,占地72万多平,是明、清两代的皇宫,是我国现存最大最完整的古建筑群。

悉尼歌剧院
悉尼歌剧院位于澳大利亚悉尼,是20世纪最具特色的建筑之一,也是世界著名的表演艺术中心,已成为悉尼市的标志性建筑。

图6-22 浮动后的错乱效果

在 viewspot 上应用 clearfix 样式:

```
<div class ="viewspot clearfix">
```

从而在 viewspot 的最后动态生成了清除元素,形成期望的布局效果,如图6-23所示。

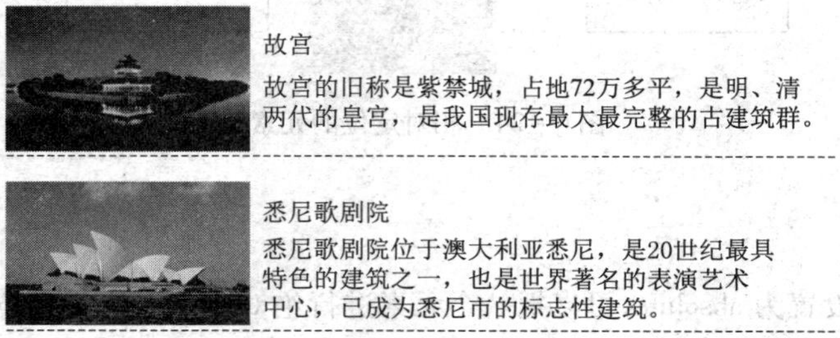

故宫
故宫的旧称是紫禁城,占地72万多平,是明、清两代的皇宫,是我国现存最大最完整的古建筑群。

悉尼歌剧院
悉尼歌剧院位于澳大利亚悉尼,是20世纪最具特色的建筑之一,也是世界著名的表演艺术中心,已成为悉尼市的标志性建筑。

图6-23 清除浮动后的效果

6.3 位置定位布局

打破常规文档流的布局方式,还可以通过位置定位布局来实现。在 CSS 中,通过 position 属性控制元素的位置定位布局,它的属性值如表6-6所示。

表 6-6 position 属性

属性值	说 明	举 例
static	设置网页元素为静态定位	position:static;
relative	设置网页元素为相对定位	position:relative;
absolute	设置网页元素为绝对定位	position:absolute;
fixed	设置网页元素为固定定位	position:fixed;

6.3.1 静态定位

所有元素的默认定位都是静态定位，position 属性值为 static，在文档中出现在默认排版规则下的位置。一般来说，不必指定 position:static，除非想要覆盖之前设置的定位。

6.3.2 相对定位

把 position 属性设置为 relative，可以把一个元素进行相对定位。相对定位的元素，相对于它自身原来的位置进行定位。相对定位的元素仍然在常规文档流中，后面的元素在定位时按照相对定位的元素仍然在原来的位置来计算。

设置为相对定位的元素，通过 top、right、bottom、left 4 个 CSS 属性指定偏移量。其中，水平方向通过 left 属性或 right 属性来设置，垂直方向通过 top 属性或 bottom 属性来设置。

例如，对 top 和 left 设置偏移量之后，相对定位的元素将相对于它原来在网页中位置的左上角进行偏移，如图 6-24 所示。

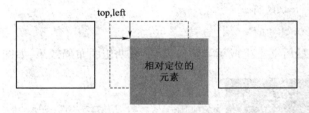

图 6-24 相对定位的元素

6.3.3 绝对定位

把 position 属性设置为 absolute，可以把一个元素进行绝对定位。绝对定位的元素将从常规文档流中去除，并以"最近"的一个已经定位的祖先元素为基准进行定位，如图 6-25 所示。这一祖先元素我们把它称为绝对定位元素的"包含块"。已经定位的祖先元素指的是 position 属性为 relative、absolute 或者 fixed 之一的祖先元素。如果没有已经定位的祖先元素，那么绝对定位的元素会以 html 元素为基准进行定位。通常使用 position 属性为 relative 并且没有偏移量的元素作为绝对定位元素的包含块元素。

由于绝对定位的元素从常规文档流中去除，后面的元素在排版时会完全忽略绝对定位元素，就好像绝对定位元素不存在一样。设置为绝对定位的元素，通过 top、right、bottom、left 4 个属性来指定偏移量。与相对定位元素的偏移量是相对于自身原来的位置不同，绝对定位元素的偏移量是相对于它的包含块元素。偏移量可以为正数，也可以为负数。

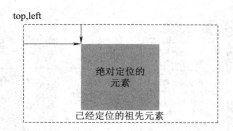

图6-25 绝对定位的元素

①top：绝对定位元素的上外边距边界与包含块上边界的距离。为正数时，向下偏移；为负数时，向上偏移。

②right：绝对定位元素的右外边距边界与包含块右边界的距离。为正数时，向左偏移；为负数时，向右偏移。

③bottom：绝对定位元素的下外边距边界与包含块下边界的距离。为正数时，向上偏移；为负数时，向下偏移。

④left：绝对定位元素的左外边距边界与包含块左边界的距离。为正数时，向右偏移；为负数时，向左偏移。

一般情况下，只需要指定以下4种组合中的一种进行偏移量的设置：top、left；top、right；bottom、right；bottom、left。

使用这4种组合分别进行偏移量设置的情况，如图6-26~图6-29所示。

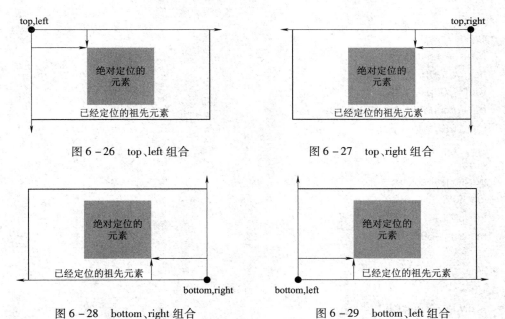

图6-26 top、left 组合　　　　　　图6-27 top、right 组合

图6-28 bottom、right 组合　　　　图6-29 bottom、left 组合

通过绝对定位，可以创建多种不同的排版布局。例如，把容器元素中的文字图层绝对定位到右侧，可以形成如图6-30所示的布局；把容器元素中的头像绝对定位到右上角，形成如图6-31所示的布局。

图6-30 通过绝对定位实现的布局版式A　　图6-31 通过绝对定位实现的布局版式B

【实例6-5】水平居中、垂直居中的播放按钮(实例文件ch06/05.html)。

在这一实例中,通过绝对定位把播放按钮放在容器元素的水平居中、垂直居中的位置。案例中的播放按钮的宽/高为100px/100px。容器元素为相对定位方式,为其包含的播放按钮提供定位基准。播放按钮为绝对定位,并且设置偏移值top为50%,left为50%,这时播放按钮会定位到距离容器元素顶部50%、距离容器元素左侧边50%的位置,如图6-32所示。

通过margin来使播放按钮向上偏移它自身高度的一半,向左偏移它自身宽度的一半来最终把播放按钮放置在水平居中、垂直居中的位置。这里通过设置负的margin来完成这种偏移:margin-top:-50px为向上偏移50px,margin-left:-50px为向左偏移50px,或者通过margin的简写形式:margin:-50px 0 0 -50px。

完成后效果如图6-33所示。

```html
<style>
#container{
    position:relative;
    height:300px;
    width:300px;
    background-color:#D9D9D9;
    margin:0 auto;
}
.play{
    position:absolute;
    left:50%;
    top:50%;
    margin:-50px 0 0 -50px;
}
<style>
<body>
    <div id="container">
    <img src="images/play.png" width="100" height="100" class="play"/>
    </div>
</body>
```

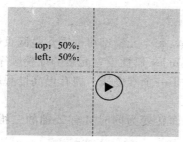 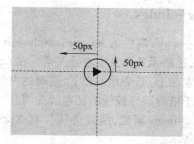

图 6-32　绝对定位到容器元素 50% 的位置　　图 6-33　通过 margin 偏移到容器元素中心

6.3.4　固定定位

固定定位是绝对定位的子类型。把 position 属性设置为 fixed,可以把一个元素进行固定定位。固定定位的元素将以浏览器窗口为基准进行定位,并且不会随着窗口的滚动而滚动。固定定位常用来创建如顶部固定的导航栏、侧边固定的锚点超链接等效果。在定位时,与绝对定位相同,通过 top、right、bottom、left 4 个属性来指定偏移量。

【实例 6-6】固定定位的元素(实例文件 ch06/06.html)。

在这一实例中,通过固定定位把网页元素放置在浏览器窗口的右下角,并且不随着浏览器窗口的滚动而滚动。

```
<style >
#fixed{
    position:fixed;
    right:0;
    bottom:0;
}
</style >
<body>
    <div id ="fixed" >固定定位的元素 </div>
</body>
```

完成后的效果如图 6-34 所示。

图 6-34　固定定位的元素效果

6.3.5 z – index

对于 position 属性为 relative、absolute、fixed 之一的元素,每个元素都可以看作是网页中一个单独的图层,这些元素会发生堆叠关系。在 CSS 中,通过 z-index 属性设置元素的堆叠顺序,从而决定哪个元素在上,哪个元素在下,这时这些网页元素形成了一个堆叠栈。拥有更高堆叠顺序的元素总是处于堆叠顺序较低的元素的前面。

通过 z-index 属性,网页将从仅有 X 轴和 Y 轴的平面转变为同时具有 Z 轴的三维空间,如图 6 – 35 所示。

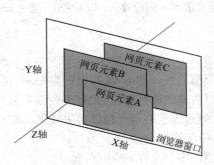

图 6 – 35 具有 Z 轴的网页三维空间

z-index 属性值为整数。如果希望一个定位的网页元素一定在其他网页元素的前面,可以把它的 z-index 设置为一个尽可能大的数值,如 z-index:9999。z-index 可以为 0,也可以为负数,这时网页元素将被移到堆叠栈的更低层。

【实例 6 – 7】z-index 的使用(实例文件 ch06/07.html)。

在这一实例中,网页中存在两个绝对定位的元素,相互之间形成了上下堆叠的关系。

```
<style>
#div-a{
    position:absolute;
    left:180px;
    top:20px;
    z-index:1;
}
#div-b{
    position:absolute;
    left:100px;
    top:50px;
    z-index:2;
}
</style>
<body>
    <div id="div-a">网页元素 A</div>
    <div id="div-b">网页元素 B</div>
</body>
```

网页元素 A 的 z-index 值"1"小于网页元素 B 的 z-index 值"2",因此网页元素 A 位于网页元素 B 的下方,如图 6-36 所示。如果调整网页元素 A 的 z-index 值为"3",这时网页元素 A 将位于网页元素 B 的上方,如图 6-37 所示。

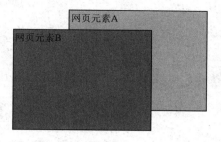 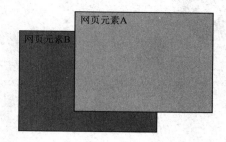

图 6-36　网页元素 A 的 z-index 为 1　　　　图 6-37　网页元素 A 的 z-index 为 3

思考与练习

一、判断题

1. 在默认情况下,多个 strong 元素可以在同一行显示。　　　　　　　　　　　　(　　)
2. visibility 属性设置为 hidden 的网页元素,将不再占据网页中的空间。　　　　(　　)
3. box-sizing 属性设置为 border-box 的网页元素,width 属性设置的是包含内边距、内容两个部分的宽度的总和。　　　　　　　　　　　　　　　　　　　　　　　　　　　(　　)
4. 通过把 clear 属性添加到浮动元素的样式中来清除浮动。　　　　　　　　　　(　　)
5. 绝对定位的网页元素相对于"最近"的一个已经定位的祖先元素为基准进行定位。如果没有已经定位的祖先元素,那么绝对定位的网页元素会以 html 元素为基准进行定位。　(　　)

二、单选题

1. 以下不是块级元素的是(　　　)。
   A. div　　　　　　B. a　　　　　　C. h1　　　　　　D. section
2. 在常规文档流中的上下两个 div 的下外边距和上外边距分别为 50px 和 30px。它们之间的垂直方向的最终距离是(　　　)。
   A. 80px　　　　　B. 30px　　　　　C. 50px　　　　　D. 20px
3. float 属性的取值不包括(　　　)。
   A. left　　　　　　B. both　　　　　C. right　　　　　D. none
4. 相对定位的元素的定位基准是(　　　)。
   A. 父元素　　　　B. 祖先元素　　　C. 自身　　　　　D. html
5. 如果希望实现定位在网页两侧的广告,并且广告位置不随着浏览器窗口的滚动而滚动,应该设置广告的定位方式为(　　　)。
   A. 静态定位　　　B. 相对定位　　　C. 绝对定位　　　D. 固定定位

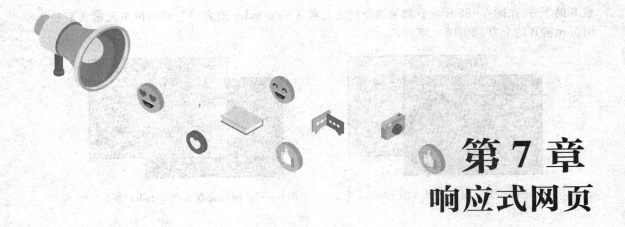

第 7 章 响应式网页

◎教学目标:

通过本章的学习,掌握响应式网页设计的基本知识,学会使用媒体查询对特定的设备应用特定的 CSS 样式,学会使用弹性布局实现灵活的自适应布局,并掌握图像自适应缩放和图像媒体查询的实现方法。

◎教学重点和难点:

- 媒体查询的概念和原理
- 弹性布局的原理和使用
- 响应式图像的实现方法

响应式网页设计是由多种技术构成的设计方法,可以让网页适配于手机、平板计算机和台式机等不同的终端设备。本章介绍响应式网页设计的相关技术,包括媒体查询、弹性布局、响应式图像等。

7.1 响应式网页设计基础

随着移动终端设备的广泛普及以及其他各种类型终端的出现,响应式网页设计(Responsive Web Design)受到了越来越多的重视。响应式网页设计可以使同一个网页正常显示到多种类型的终端设备上,而不受用户屏幕尺寸、浏览器类型等因素的影响。

7.1.1 响应式网页设计的概念

响应式网页设计的概念最早由 Ethan Marcotte 在 2010 年提出。他提出了一种使网页能够随终端设备不同而产生不同的呈现方式的手段,通过使用媒体查询、弹性布局和响应式图像的技术,达到响应式网页设计的效果。

1. 媒体查询

媒体查询是 CSS 规范中的内容,包含媒体类型和零个或多个检测媒体特性的表达式。通过使用媒体查询功能,可以在不对内容本身进行修改的情况下,使得网页适配不同的终端设备。

2. 弹性布局

弹性布局通过设置弹性容器的属性以及其中弹性元素的属性，可以为各种形式的网页布局提供最大的灵活性。

3. 响应式图像

通过图像自适应缩放以及针对图像的媒体查询，可以使图像能够根据所在的终端设备的不同，自动进行缩放以及选择适合的图像显示。

7.1.2 响应式网页设计示例

在 Ethan Marcotte 发表的关于响应式网页设计的开创性文章 *Responsive Web Design* 中，他给出了下面这样一个例子（示例来源：https://alistapart.com/d/responsive-web-design/ex/ex-site-flexible.html），示例中是《福尔摩斯历险记》中六个主人公的头像。

如果屏幕宽度大于 1 300 像素，则 6 张图像并排显示在一行，如图 7-1 所示。

图 7-1 屏幕宽度大于 1300 像素

如果屏幕宽度在 600 像素到 1 300 像素之间，则 6 张图像分成两行显示，如图 7-2 所示。如果屏幕宽度小于 600 像素，则导航栏移到网页头部，如图 7-3 所示。

图 7-2 屏幕宽度在 600 像素到 1 300 像素之间　　　图 7-3 屏幕宽度小于 600 像素

上面这个例子实现的就是响应式网页设计。类似的例子还有许多,在 http://mediaqueri.es 中可以发现更多的案例。

7.1.3 视口(Viewport)

Viewport 是用户网页的可视区域,中文名称为"视口"。Viewport 是一个移动端专属的 meta 属性值,用于指定视口的各种行为。该特性最先由苹果公司在 iPhone 中引入,用于解决移动端的页面展示问题,后续被越来越多的浏览器厂商跟进。移动端浏览器把页面放在一个虚拟的视口中,用户需要通过平移和缩放来查看网页的不同部分。

一个常用的针对移动端网页的 meta viewport 标签如下:

```
<meta name="viewport" content="width=device-width, initial-scale=1.0">
```

它表示设置当前视口的宽度等于设备的宽度,同时页面的初始缩放值为 1.0。

Viewport 有以下 6 种属性,如表 7-1 所示。

表 7-1 Viewport 属性

属性值	说明
width	视口的宽度
height	视口的高度
initial-scale	初始缩放比例,即当页面第一次加载时的缩放比例
maximum-scale	允许用户缩放到的最大比例
minimum-scale	允许用户缩放到的最小比例
user-scalable	用户是否可以手动缩放

1. width

width 用来设置 Viewport 的宽度,如果不设置该属性,则 Viewport 宽度为厂商默认值。

2. height

height 用来设置 Viewport 的高度,实际上并不常用。

3. initial-scale

initial-scale 用于设置页面的初始缩放比例。例如,下面的 Viewport 设置会将页面内容放大到原来的 2 倍:

```
<meta name="viewport" content="initial-scale=2">
```

4. maximum-scale

maximum-scale 用于设置允许用户缩放到的最大比例,例如通过下面的 Viewport 设置,用户最大能够将页面放大到初始页面大小的 5 倍:

```
<meta name="viewport" content="initial-scale=1,maximum-scale=5">
```

5. minimum-scale

minimum-scale 用于设置允许用户缩放到的最小比例。通常情况下,为了有更好的体验,不会设置该属性的值比 1 更小。

6. user-scalable

user-scalable 用于约束用户是否可以通过手势对页面进行缩放,该属性的默认值为 yes,即允

许缩放。如果希望禁止用户缩放页面内容,可以将该值设置为 no,例如:

```
<meta name="viewport" content="user-scalable=no">
```

7.2 媒体查询

媒体查询是 CSS 规范的一部分。通过使用媒体查询,可以针对特定的输出设备应用特定的 CSS 样式。

7.2.1 媒体查询基本语法

width、height、color 都是可用于媒体查询的特性。使用媒体查询,可以不必修改内容本身,而让网页适配不同的设备。如果媒体查询中指定的媒体类型匹配展示网页时所使用的设备类型,并且媒体特性查询为真,那么该媒体查询的结果为真。

媒体查询可以有两种实现方式,一种使用内部样式,另外一种通过 link 元素引用外部样式实现。

1. 通过内部样式实现媒体查询

```
@media mediatype and|not|only (media feature) {
    CSS 样式;
    ...
}
```

2. 通过 link 元素引用外部样式实现媒体查询

```
<link rel="stylesheet" media="mediatype and|not|only (media feature)" href="stylesheet.css">
```

7.2.2 媒体类型

媒体类型即设备类型,用来设置媒体查询的作用对象。目前依然在使用的媒体类型如表 7-2 所示。其中媒体类型 all 为默认值,即如果省略媒体类型,则针对所有设备进行媒体查询。

表 7-2 媒体类型

媒体类型值	说 明
all	用于所有设备,默认值
print	用于打印机和打印预览
screen	用于计算机屏幕、平板计算机、智能手机等
speech	用于屏幕阅读器等发声设备

7.2.3 媒体特性

媒体特性即媒体查询过程中所询问的媒体的特性。大多数媒体特性可以带有"min-"或"max-"前缀,用于表达"最低"或者"最高"。例如,"max-width:1 200px"表示应用其所包含样式的条件是媒体设备的视口宽度最高为 1 200px,超过 1 200px 则不满足条件。常见媒体特性如表 7-3 所示。

表7-3 常见媒体特性

媒体特性	说明
width	设备的视口宽度
height	设备的视口高度
color	设备颜色分量的位深度。如果不是彩色设备,则值等于0
aspect-ratio	设备的视口宽度与高度的比率
orientation	设备的视口高度是否大于或等于宽度,可以有两个值: ①portrait:高度大于或等于宽度(竖屏模式) ②landscape:宽度大于高度(横屏模式)
resolution	设备的分辨率

7.2.4 组合媒体查询

可以使用关键字 and、or、not、only 作为逻辑符号,构建复杂的媒体查询,将多个媒体查询串联在一起。

①关键字 and 把多个媒体特性组合成一条媒体查询,只有当每个特性都为真时,结果才为真。

②关键字 or 则是只要其中任何一个为真,整个媒体查询语句就返回真。也可以将多个媒体查询通过逗号分隔放在一起,达到 or 操作符的效果。

③关键字 not 用来对媒体查询的结果进行取反。

④关键字 only 用来屏蔽不支持媒体特性查询的浏览器。

⑤若使用了 not 或 only,必须明确指定一个媒体类型。

1. and

and 关键字用于合并多个媒体特性或合并媒体特性与媒体类型。

例如,一个基本的媒体查询,即一个媒体特性与默认指定的 all 媒体类型,形式如下:

```
@media (min-width:700px){
    CSS 样式;
    ...
}
```

如果只想在横屏的屏幕上应用这些样式,可以使用 and 合并媒体特性,形式如下:

```
@media screen and (min-width:700px) and (orientation:landscape){
    CSS 样式;
    ...
}
```

表示其中的样式仅在视口宽度大于等于 700 像素并且横屏的屏幕上有效。

2. or 以及逗号分隔列表

媒体查询中使用关键字 or 与逗号分隔效果等同。当使用关键字 or 或者逗号分隔的媒体查询时,如果任何一个媒体查询返回真,样式就是有效的。逗号分隔的列表中每个查询都是独立的,一个查询中的操作符并不影响其他媒体查询。

例如,如果希望在最小宽度为 700 像素或者横屏的设备上应用一组样式,形式如下:

```
@media (min-width:700px), (orientation:landscape) {
    CSS 样式;
    ...
}
```

3. not

not 关键字应用于整个媒体查询,在媒体查询为假时返回真。在逗号媒体查询列表中,not 仅会否定它应用到的媒体查询上而不影响其他媒体查询。

例如,如果希望在竖屏的设备上应用一组样式,形式如下:

```
@media not screen and (orientation:landscape) {
    CSS 样式;
    ...
}
```

4. only

only 关键字防止不支持带媒体特性查询的浏览器误用针对媒体特性查询的样式。

```
<link rel="stylesheet" media="only screen and ((min-width:700px)" href="example.css" />
```

7.3 弹性盒子(Flexbox)布局

2009 年,W3C 提出了 CSS Flexible Box 布局,也就是 Flexbox 布局模型。在 Flexbox 布局模型中,弹性容器的子元素可以在任何方向上排布,也可以弹性伸缩其尺寸,既可以增加尺寸以填满未使用的空间,也可以收缩尺寸以避免从弹性容器溢出。子元素的水平对齐和垂直对齐都能很方便地进行操控。

7.3.1 Flexbox 基本概念

采用 Flexbox 布局的元素,称为 flex 容器(flex container)或者弹性容器。它的所有直接子元素自动成为容器成员,称为 flex 项目(flex item)或者弹性元素。

flex 容器默认存在两根轴:水平的主轴(main axis)和垂直的侧轴(cross axis)。主轴的开始位置(与边框的交叉点)称为"main start",结束位置称为"main end";侧轴的开始位置称为"cross start",结束位置称为"cross end"。flex 项目默认沿主轴排列。单个 flex 项目占据的主轴空间称为"main size",占据的侧轴空间称为"cross size"。Flexbox 布局模型如图 7-4 所示。

通过下面的 CSS,可以定义一个 flex 容器:

```
.box {
    display:flex;
}
```

浏览器厂商有时会给一些在试验阶段和非标准阶段的 CSS 属性添加前缀。在所有浏览器都正式支持 Flexbox 布局模型之前,相关的 CSS 属性需要加入浏览器前缀以被浏览器识别。不同核心的浏览器前缀如下:

① -webkit-:WebKit 内核(谷歌浏览器、Safari 浏览器)。
② -moz-:Gecko 内核(火狐浏览器)。

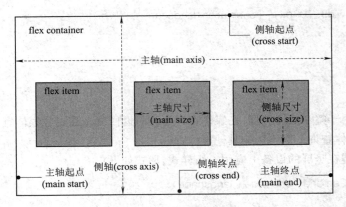

图 7-4 Flexbox 布局模型

③ -ms-：Trident 内核(IE 浏览器、Edge 浏览器)。

Flexbox 布局模型在发展过程中,使用"flex"作为创建 flex 容器的关键字之前,还曾经使用过"box""flexbox"作为关键字。因此,如果要使前面定义 flex 容器的代码能够适应尽可能多的浏览器,需要把代码修改为：

```
.box {
    display: -webkit-box;
    display: -webkit-flex;
    display: -ms-flexbox;
    display: flex;
}
```

在本书后面的代码中,将只使用 W3C 中的标准语法,不再添加浏览器前缀。

提示：

https://autoprefixer.github.io 提供了一个添加浏览器前缀的在线工具,用户可以设置需要支持哪些浏览器,并把需要添加浏览器前缀的 CSS 复制到工具中,工具会自动生成添加了浏览器前缀的 CSS。

7.3.2 flex 容器

flex 容器可以通过以下属性进行设置：

1. flex-direction 属性

flex-direction 属性设置内部元素是如何在 flex 容器中布局的,设置了主轴的方向。

```
.box {
    flex-direction: row | row-reverse | column | column-reverse;
}
```

①row(默认值)：主轴为水平方向,起点在左端。
②row-reverse：主轴为水平方向,起点在右端。
③column：主轴为垂直方向,起点在上沿。
④column-reverse：主轴为垂直方向,起点在下沿。

2. flex-wrap 属性

默认情况下,flex 项目都排在一行轴线上。flex-wrap 属性用于设置如果一行轴线排不下所有的 flex 项目,如何换行。

```
.box{
    flex-wrap:nowrap | wrap | wrap-reverse;
}
```

①nowrap(默认):不换行。
②wrap:换行,第一行在上方。
③wrap-reverse:换行,第一行在下方。

3. flex-flow 属性

flex-flow 属性是 flex-direction 属性和 flex-wrap 属性的简写形式,第一个设置的值为 flex-direction,第二个设置的值为 flex-wrap,它的默认值为"row nowrap"。

```
.box {
    flex-flow: <flex-direction> || <flex-wrap>;
}
```

4. justify-content 属性

justify-content 属性设置浏览器如何分配沿着 flex 容器主轴的 flex 项目之间及其周围的空间。当一行上的所有 flex 项目都不能伸缩或可伸缩但是已经达到其最大长度时,这一属性才会对多余的空间进行分配,如图 7-5 所示。

```
.box {
    justify-content:flex-start| flex-end | center | space-between | space-around;
}
```

①flex-star:flex 项目从行首位置开始排列,为默认值。
②flex-end:flex 项目从行尾位置开始排列。
③center:flex 项目居中排列。
④space-between:flex 项目平均地分布在行中。每行第一个元素排列在行首,每行最后一个元素排列在行尾。
⑤space-around:flex 项目平均地分布在行中,每个元素周围分配相同的空间。

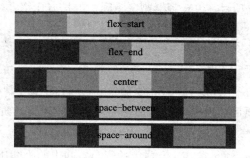

图 7-5 justify-content 的属性值

5. align-items 属性

align-items 用来设置 flex 项目在 flex 容器侧轴上的对齐方式,如图 7-6 所示。

```
.box{
    align-items:flex-start | flex-end | center | stretch;
}
```

①flex-start:flex 项目从侧轴起始位置开始排列。
②flex-end:flex 项目从侧轴终点位置开始排列。
③center:flex 项目在侧轴居中排列。
④stretch:flex 项目拉伸填充整个容器,为默认值。

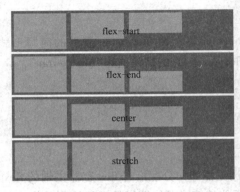

图 7-6　align-items 的属性值

7.3.3　flex 项目

flex 项目可以通过以下属性进行设置:

1. flex-basis 属性

flex-basis 属性设置 flex 项目在主轴方向上的初始大小。

```
.item{
    flex-basis:<length>;
}
```

2. flex-grow 属性

flex-grow 属性设置 flex 项目在 flex 容器剩余空间中的扩展比率,默认为 0。

```
.item{
    flex-grow:<number>;
}
```

如果所有 flex 项目的 flex-grow 属性值都为 1,则它们将等分剩余空间。如果一个项目的 flex-grow 属性值为 2,其他项目都为 1,则前者占据的剩余空间为其他项目的 2 倍。

3. flex-shrink 属性

flex-shrink 属性设置 flex 项目在 flex 容器负的剩余空间中的收缩比例,默认为 1。

```
.item{
    flex-shrink:<number>;
}
```

如果所有 flex 项目的 flex-shrink 属性值都为 1,当空间不足时,都将等比例缩小。如果一个 flex 项目的 flex-shrink 属性为 0,其他项目都为 1,则空间不足时,前者不缩小。

4. flex 属性

flex 属性是 flex-grow、flex-shrink 和 flex-basis 的简写形式,默认值为"0 1 auto"。后两个属性值可以省略。通常人们会使用 flex 属性这一简写形式。

```
.item{
    flex:none | [ <'flex-grow'> <'flex-shrink'>? || <'flex-basis'> ]
}
```

flex 属性值有两个关键词:auto 代表"1 1 auto",none 代表"0 0 auto"。

5. align-self 属性

align-self 属性允许单个 flex 项目有与其他项目不一样的对齐方式,可覆盖 flex 容器的 align-items 属性。它的默认值为 auto,表示继承父元素的 align-items 属性,如果没有父元素,则等同于 stretch。

```
.item {
    align-self:auto | flex-start | flex-end | center | stretch;
}
```

6. order 属性

order 属性设置 flex 项目的排列顺序。数值越小,排列越靠前,默认为 0。

```
.item{
    order:<integer>;
}
```

【实例 7-1】flex 属性的使用(实例文件 ch07/01.html)。

在这一实例中,在 flex 容器中并排显示 3 个 flex 项目,如图 7-7 所示。

图 7-7 flex 属性的使用

网页的结构如下:

```
<div id="container">
<div class="item"></div>
    <div class="item"></div>
```

```
            <div class ="item"> </div>
    </div>
```

其中,ID 为"container"的 div 是 flex 容器,包含 3 个子 div 元素,通过 justify-content 属性,设置子元素均匀分布,并且第一个元素排列在行首,最后一个元素排列在行尾。子 div 元素通过 margin 属性设置它们之间的留白空间,通过 flex 属性,设置子 div 元素的 flex-grow 为 1,即每一个子元素都获得 1 份剩余空间。

```css
#container{
    display:flex;
    justify-content:space-between;
}
.item{
    margin:5px;
    height:100px;
    flex:1;
}
```

7.4 响应式图像

7.4.1 图像自适应缩放

图像自适应缩放可使图像能够随着所在的容器自动缩放,有以下两种方法:

1. 使用 img 元素

img 元素不再设置 width 属性和 height 属性。通过 CSS 中 width 为"100%"的设置,图像宽度将缩放为所在容器的宽度;通过 CSS 中 height 为"auto"的设置,图像高度会等比例缩放。

```html
<style>
img{
    width:100%;
    height:auto;
}
</style>
<body>
<div>
    <img src ="images/01.jpg" />
</div>
</body>
```

如果希望图像在缩放时,不要超过图像自身的原始宽度,可以通过 max-width 进行设置。

```css
img{
    max-width:100%;
    height:auto;
}
```

这种自适应缩放方法不但适用于 img 元素,也适用于网页中的 video 元素,使 video 元素可以随着所在的容器自动缩放。

```css
video{
    width:100%;          /* 或者使用 max-width:100% */
    height:auto;
}
```

2. 使用背景图像

把图像作为容器的背景图像时,通过 CSS 中 background-size 为 "cover" 的设置,使背景图像自适应缩放。

【**实例 7-2**】图像自适应缩放(实例文件 ch07/02.html)。

在这一实例中,在 flex 容器中并排显示 3 幅自适应缩放图像,如图 7-8 所示。

图 7-8　图像自适应缩放

网页的结构如下:

```html
<div id="container">
    <div class="pic pic1"></div>
    <div class="pic pic2"></div>
    <div class="pic pic3"></div>
</div>
```

其中,ID 为 "container" 的 div 是 flex 容器,包含 3 个子 div 元素,在水平方向均匀分布。每一个子 div 元素通过 width 结合 padding-bottom 的 CSS 设置,形成一个宽高比为 16:9 的长方形区域,背景图像在这一区域内自适应缩放。

```css
#container{
    display:flex;
    justify-content:space-between;
}
.pic{
    width:32%;
    padding-bottom:18%;
    background-size:cover;
}
.pic1{
    background-image:url(images/01.jpg);
}
.pic2{
    background-image:url(images/02.jpg);
```

```
    }
    .pic3{
        background-image:url(images/03.jpg);
    }
```

> **提示：**
> 在 CSS 中，当 padding 取值为百分比时，参照的是父元素的宽度。因此这一实例中，子 div 元素宽度为父元素宽度的 32%，高度为父元素宽度的 18%，从而形成 16:9 的长方形区域。

7.4.2 图像媒体查询

在 HTML5 中，针对响应式图像设计，提供了一个新的 picture 元素。picture 元素类似于 HTML5 提供的针对音视频内容的 audio 元素和 video 元素，它允许在其内部设置多个 source 元素，以指定不同的图像文件，根据不同的条件进行加载。

例如，在下面的实例中，针对不同屏幕宽度加载不同的图像：当页面宽度在 320px 到 640px 之间时加载 minpic.png；当页面宽度大于 640px 时加载 middle.png。

```
<picture>
    <source media="(min-width:320px) and (max-width:640px)" srcset="images/minpic.png">
    <source media="(min-width:640px)" srcset="images/middle.png">
    <img src="images/picture.png" alt="">
</picture>
```

其中，source 元素中的 media 属性为媒体查询，srcset 属性指定在媒体查询为真时使用的图像。img 元素是当浏览器不支持 picture 元素时使用的图像。

思考与练习

一、单选题

1. 组合媒体查询中逗号分隔符和以下（　　）符号作用相同。
   A. and B. or
   C. not D. only

2. 如果希望页面的初始缩放值为 1，需要在视口中设置（　　）。
   A. maximum-scale=1
   B. minimum-scale=1
   C. initial-scale=1
   D. user-scalable=1

3. 通过查询媒体特性（　　），可以知道用户当前在使用设备的横屏模式或是竖屏模式。
   A. width B. height
   C. orientation D. aspect-ratio

4. HTML5 为响应式图像提供的新元素是（　　）。
   A. source B. picture
   C. audio D. flexbox

5. 如果希望 flex 容器中的 flex 项目均分 flex 容器的剩余空间,需要设置 flex 项目的 flex 属性值为( )。
   A. 100%   B. 1
   C. center   D. 0

二、填空题

1. 在弹性布局中,需要使用_____属性来设置主轴的方向。
2. 当使用弹性布局时,如果一行排列不下多个 flex 项目,则需要使用_____属性在 flex 容器中设置 flex 项目的换行方式。
3. flex 项目的_____属性设置 flex 项目在 flex 容器剩余空间中的扩展比率。

第8章
CSS 布局应用

◎ **教学目标：**

通过本章的学习，掌握利用浮动布局、位置定位布局的方法设计实现不同版式网页的能力；掌握并实现面向移动端的响应式网页布局。

◎ **教学重点和难点：**

- 导航
- 卡片式布局
- 图文列表
- 自定义列表
- 响应式网页布局

不同网站的网页虽然具有不同的类型和风格，但是它们的排版方式有许多共同的地方。其中，垂直导航、水平导航、卡片式布局、图文列表、自定义列表、图文混排等版式，在许多网站中得到了大量的应用。通过对这些不同版式的灵活运用和组合，就可以像搭积木一样，构建出变化多样的网页。

8.1 PC 端网页布局

PC 端的网页布局经常采用固定宽度的方式。在确定宽度的数值时，需要考虑用户使用的计算机的主流屏幕分辨率。例如，1 024×768、1 366×768、1 440×900、1 920×1 080 等都是较为常见的屏幕分辨率。以屏幕分辨率中的宽度为界限，形成了网页布局中对宽度的限制。不同的网站根据各自内容的特点，会固定采用某一个宽度作为网页的外围宽度。

8.1.1 导航

网站导航是网站中非常重要的元素，从形式上看，网站导航主要分为垂直导航、水平导航、下拉导航、多级弹出导航等常见形式。

在导航的实现过程中，导航的结构通常是由无序列表以及超链接 ul > li > a 构成的，用 CSS 控制无序列表和超链接的样式从而最终形成导航元素。如图8-1所示的页面结构是目前实现导航时较为典型的结构。

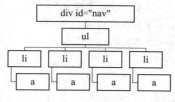

图8-1 导航的页面结构

```
<div id="nav">
    <ul>
        <li><a href="#">首页</a></li>
        <li><a href="#">动画</a></li>
        <li><a href="#">科幻</a></li>
        <li><a href="#">动作</a></li>
        <li><a href="#">冒险</a></li>
    </ul>
</div>
```

下面分别介绍垂直导航、水平导航的制作方法。

1. 垂直导航

在垂直导航中,利用无序列表项从上至下的默认排列方式形成垂直排列的形式。

【实例8-1】垂直导航(实例文件ch08/01.html)。

在这一实例中,通过无序列表以及超链接实现垂直导航,如图8-2所示。

图8-2 垂直导航

扫一扫

实例8-1

按照图8-1建立垂直导航的结构以后,通过CSS对结构中的各个元素分别进行样式控制。首先,需要取消无序列表默认的项目符号:

```
#nav ul {
    list-style:none;        /*不显示项目符号*/
}
```

对于导航中的超链接元素,在默认情况下,它是行级元素,因此会收缩并包围其中的内容。为了使它能够形成一个块状区域以便于用户单击,需要设置display属性为block,从而把超链接元素转换为块级元素,这时它的宽度等于 li 的宽度。

```
#nav li a:link,#nav a:visited{
    display:block;              /*转换为块级元素*/
    padding:10px;               /*增加四周的留白空间*/
    text-decoration:none;       /*取消超链接默认的下画线*/
    color:#FFFFFF;
    background-color:#0E97E6;
}
```

为了使超链接元素带有交互的效果,通过伪类选择器设置它在鼠标指针悬停状态下的样式,如改变背景颜色:

```
#nav a:hover{
    background-color:#006ABF;
}
```

2. 水平导航

在水平导航中,为了把无序列表项从上至下的默认排列方式转为水平排列方式,需要利用 float:left 属性把列表项浮动起来,从而形成水平导航,如图 8-3 所示。

图 8-3 水平导航效果 1

【实例 8-2】水平导航(实例文件 ch08/02.html)。

在这一实例中,在垂直导航的基础上,设置无序列表项浮动:

```
#nav li{
    float:left;          /*向左浮动*/
}
```

对于超链接元素占据的宽度,可以通过导航区域的宽度÷导航菜单的个数获得。例如,假设导航区域宽度为 980 像素,包含 5 个导航菜单,那么每个导航菜单的宽度为 196 像素。如果超链接元素设置了内边距,那么它们的宽度的总和将超出导航区域的宽度。通过把超链接元素的 box-sizing 属性设置为 border-box 的方法,可以使 196 像素为包含内边距的元素宽度,从而避免出现超出导航区域宽度的问题。

```
#nav a:link,#nav a:visited{
    width:196px;
    padding:10px;
    box-sizing:border-box;      /*改变盒模型的计算方式*/
}
```

通过对 CSS 样式的灵活设置,也可以创建其他交互效果的水平导航。

【实例 8-3】水平导航(实例文件 ch08/03.html)。

在这一实例中,通过超链接元素下边框颜色的改变来实现交互效果,如图 8-4 所示。

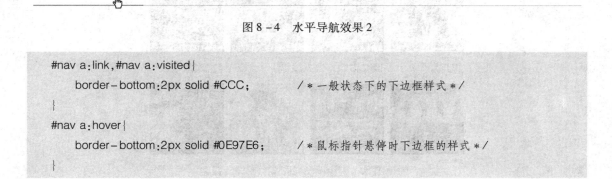

图8-4 水平导航效果2

```
#nav a:link,#nav a:visited{
    border-bottom:2px solid #CCC;        /*一般状态下的下边框样式*/
}
#nav a:hover{
    border-bottom:2px solid #0E97E6;     /*鼠标指针悬停时下边框的样式*/
}
```

8.1.2 卡片式布局

卡片式布局是指将图片和文本信息包含在一个长方形内,看起来如同真实世界中的卡片一样。每张卡片作为查看更多详细信息的一个入口。卡片式布局一般通过在一个大的容器范围内,浮动多个包含图片和文字的子容器来完成。在子容器之间通过设置外边距,以使它们之间有一定的距离,如图8-5所示。

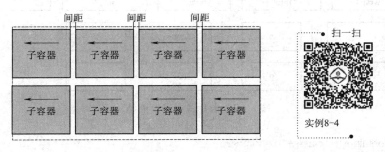

图8-5 卡片式布局

假设每张卡片的宽度为a,每行卡片的个数为n,卡片之间的距离为i,那么它们的整体宽度为:

$$W = a \times n + i \times (n-1)$$

📝 **提示:**

网页设计师们从平面出版领域把栅格系统(Grid Systems)的概念和做法引入网页设计领域,以规则的网格阵列来指导和规范网页中的版面布局以及信息分布。在栅格系统中,根据功能需要,对网页页面进行三等分、四等分、五等分、六等分等。较为著名的栅格系统包括早期的960栅格系统,以及源自Twitter公司的Bootstrap栅格系统。

【实例8-4】卡片式布局(实例文件ch08/04.html)。

在这一定例中,通过卡片式布局形成如图8-6所示的网页形式。

在这一实例中,卡片式布局的页面结构如图8-7所示,通过多个div的嵌套关系形成多层内容的构建。其中,"container"这一div是所有卡片的容器,每一张卡片由类样式为"movie"的div构成,卡片内部包含图像、文字。

图 8-6 卡片式布局的网页形式

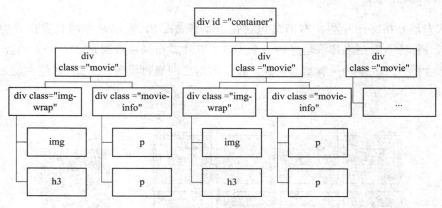

图 8-7 卡片式布局页面结构

```
<div id="container"  class="clearfix">
    <div class="movie">
        <div class="img-wrap">
          <img src="images/01.jpg" width="230" height="230" />
          <h3>冰雪奇缘</h3>
        </div>
        <div class="movie-info">
          <p>时间:2013</p>
          <p>导演:克里斯·巴克</p>
          <p>片长:102分钟</p>
        </div>
    </div>
</div>
```

对于其中的类样式"movie"以及内部的"img-wrap"等类样式,通过如下的 CSS 进行样式控制,使每部影片形成卡片式外观。

```
.movie{
    width:230px;
    float:left;
```

```
        box-shadow:0 4px 4px 0 rgba(0,0,0,0.2);        /*卡片阴影*/
}
.img-wrap{
        position:relative;                             /*作为h3元素的定位基准*/
}
.img-wrap h3{
        position:absolute;
        bottom:0;
        left:0;
        background-color:rgba(0,0,0,0.5);
        width:100%;
        box-sizing:border-box;
}
```

在设置卡片与卡片之间的距离时,可以采用多种方式进行。例如,通过类选择器给每张卡片都设置右外边距,但是对于每一行的最后一张卡片不设置右外边距。在 CSS 中,"movie"类样式中设置统一的右外边距,并创建一个额外的用于每一行最后一张卡片的类样式,设置右外边距为0。

```
.movie{
        margin:0 20px 20px 0;                          /*通过右、下外边距设置卡片之间的留白空间*/
}
.last-in-row{
        margin-right:0;                                /*右外边距为0*/
}
```

在页面结构中,对每一行的最后一张卡片应用"last-in-row"类样式,它将会覆盖"movie"类样式中关于右外边距的设置。

```
<div class="movie">
<div class="movie">
<div class="movie">
<div class="movie last-in-row">
```

这种方式的缺点是需要手动辨别每一行的最后一张卡片,制作起来较为烦琐。下面讲解另外两种提高效率的制作方法。

1. 通过 nth-of-type()选择器

【实例8-5】卡片布局(实例文件 ch08/05.html)。

在这种方法中,通过 CSS3 中的 nth-of-type(n)选择器来选择指定类型的第 n 个子元素。下面的选择器可以选择类样式为"movie"的第 4n 个元素,从而避免了前面方法的烦琐。

```
.movie:nth-of-type(4n){
        margin-right:0;
}
```

2. 通过两层容器

【实例8-6】卡片布局(实例文件 ch08/06.html)。

在这种方法中,在卡片容器 container 内部嵌套一个子容器 container-inner,所有卡片位于 container-inner 中。对于 container-inner,设置较大的宽度,使它的宽度为所有卡片以及右外边距的宽度,即 W=(a+i)×n。对于 container,设置裁剪方式为 hidden,使内部 container-inner 超出的部分被裁剪,如图 8-8 所示。

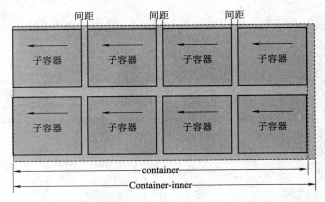

图 8-8 通过两层容器实现卡片式布局

```
<style>
#container{
    width:980px;
    overflow:hidden;/*超出部分被裁剪*/
}
#container-inner{
    width:1000px;
}
</style>
<body>
<div id="container">
  <div id="container-inner" class="clearfix">
    <div class="movie">…</div>
    <div class="movie">…</div>
    …
  </div>
</div>
</body>
```

8.1.3 图文列表

在图文列表中,一般会把标题或其他文字置于一侧,在另一侧放置图片,并形成垂直方向多行图文的形式。

【**实例 8-7**】图文列表(实例文件 ch08/07.html)。

在这一实例中,图片浮动在列表的左侧,标题和文字浮动在列表的右侧。其中,为了使文字部分中的"阅读"能够与图片底端平齐,采用绝对定位的方式,如图 8-9 所示。

图文列表的页面结构如图 8-10 所示。

冰雪奇缘
简介：《Frozen》讲述一个诅咒令王国被冰天雪地永久覆盖，乐观无畏的安娜（由克里斯汀·贝尔配音）和一个大胆的山民克里斯托弗以及陪伴他左右的驯鹿斯文组队出发…
阅读（188）

怪兽大学
简介：大眼仔迈克（Mike Wazowski）和毛怪萨利（James P. Sullivan）是最好的朋友，不过他们可不是一开始就是这样的，想当年他们俩在怪兽大学第一次见面的时候…
阅读（288）

玩具总动员
简介：距上一次的冒险已经过去11个年头，转眼间安迪（约翰·莫里斯 John Morris 配音）变成了17岁的阳光男孩。这年夏天，安迪即将开始大学生活，他必须将自己的房间收拾整齐留给妹妹…
阅读（1888）

扫一扫

实例8-7

图8-9 图文列表

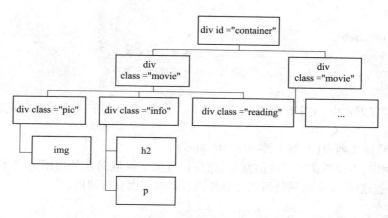

图8-10 图文列表页面结构

```
<div class ="movie clearfix">
<div class ="pic">
  <img src ="images/13.jpg" width ="230" height ="144" />
</div> <!--pic 结束-->
<div class ="intro" >
  <h2> <a href ="movie01.html" >标题</a> </h2>
  <p>文字...</p>
</div> <!--intro 结束-->
<div class ="reading">
  阅读(188)
  </div>
</div>
```

在设置样式时，有以下一些关键点：
①类样式为 movie 的元素，需要设置为相对定位。
②类样式为 pic 的元素向左浮动，具有一定宽度的类样式为 intro 的元素向右浮动。
③类样式为 pic 的元素中的 img 元素需要通过 vertical-align 布局到底端。

④类样式为 reading 的元素设置为绝对定位后,通过 bottom 和 left 来设置位置。

```
.movie{
    position:relative;          /* reading 的定位基准 */
}
.pic{
    float:left;
}
.intro{
    width:480px;
    float:right;
}
.pic img{
    vertical-align:bottom;
}
.reading{
    position:absolute;          /* 绝对定位 */
    bottom:10px;                /* 距离 movie 底部的距离 */
    left:250px;                 /* 距离 movie 左侧的距离 */
}
```

在上面的实现方式中,文字区域是固定宽度的。如果希望文字区域为不定宽度,可以采用下面的做法。

【实例 8-8】图文列表(实例文件 ch08/08.html)。

在这一实例中,不设置文字区域的宽度,而是设置文字区域的左外边距为:"图片的宽度+中间间距的宽度"。这样,文字区域就可以随着外围容器的宽度自行伸展。

```
.intro{
    margin-left:250px;
}
```

8.1.4 自定义列表

1. 自定义编号列表

自定义编号列表通过 HTML 中的有序列表 ol 元素来构造。ol 元素中的默认编号无法做样式的变化,因此如果希望在编号上实现特殊的样式效果,需要取消 ol 元素的默认编号,在 li 元素中增加一个 span 元素,人工进行编号,如图 8-11 所示。

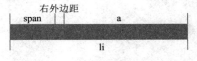

图 8-11 自定义编号列表原理

【实例 8-9】自定义编号列表(实例文件 ch08/09.html)。

在这一实例中,通过自定义编号列表的方式,实现如图 8-12 所示的效果。

	电影排行
1	怪兽大学
2	玩具总动员
3	功夫熊猫
4	赛车总动员
5	猫和老鼠

图 8 – 12　自定义编号列表

自定义编号列表的页面结构如图 8 – 13 所示。

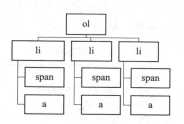

图 8 – 13　自定义编号列表页面结构

```
<ol>
    <li><span class="num">1</span><a href="#">怪兽大学</a></li>
    <li><span class="num">2</span><a href="#">玩具总动员</a></li>
    <li><span class="num">3</span><a href="#">功夫熊猫</a></li>
    <li><span class="num">4</span><a href="#">赛车总动员</a></li>
    <li><span class="num">5</span><a href="#">猫和老鼠</a></li>
    ...
</ol>
```

在 CSS 中,对于 ol 元素,取消默认的项目符号;对于 span 元素,转换它为行内块级元素,以对它设置一定的宽度,并通过右外边距设置与文字之间的距离。

```
#sidebar ol{
    list-style:none;
}
.num{
    display:inline-block;      /*转换为行内块级元素*/
    width:20px;
    margin-right:20px;         /*与文字之间的留白空间*/
    font-style:italic;
    text-align:right;
}
```

2. 自定义符号列表

自定义符号列表通过 HTML 中的无序列表 ul 元素来构造。ul 元素可以通过 CSS 中的 list-style-type 属性设置圆点、方框等不同的项目符号，也可以通过 list-style-image 属性设置自定义图像作为项目符号。但通过 list-style-image 属性这种方式实现的图像项目符号，在不同的浏览器下显示的效果不一致。因此，现在人们更多地通过 CSS 中的背景图像 background-image 来完成自定义符号列表的效果，如图 8-14 所示。

图 8-14 自定义符号列表原理

【实例 8-10】 自定义符号列表（实例文件 ch08/10.html）。

在这一实例中，通过背景图像的方式实现自定义符号列表，并且当鼠标指针悬停在某一列表项上时，改变这一列表项的背景图像，从而实现与用户之间的交互效果，如图 8-15 所示。

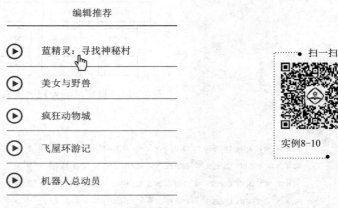

图 8-15 自定义符号列表

通过 CSS Sprites 技术，可以把多幅小图像合并到一幅大的图像中，用户浏览器只需要通过一次请求下载大的图像，就可以得到所有的图像资源，从而减少浏览器与 Web 服务器之间的交互次数，提高浏览器展现网页的效率。在这一实例中，把两个同样大小的播放按钮合成在一张图像中，通过背景图像的偏移分别取出鼠标指针悬停前的播放图像和鼠标指针悬停后的播放图像。

```css
#sidebar ul li{
    background-image:url(images/play.png);
    background-repeat:no-repeat;          /*背景图像不平铺*/
    line-height:24px;
    padding:10px;
    padding-left:40px;                     /*通过左内边距在文字左侧留出背景图像的空间*/
    border-bottom:1px solid #F0F0F0;
    background-position:0 0;
}
```

```
#sidebar ul li:hover{
    background-position:0-44px;           /*改变背景图像位置*/
}
```

8.1.5 首字下沉

首字下沉的排版样式,即文章第一个段落的首字变大,并且向下一定的距离,占据 2 行或多行的高度。

【实例 8-11】首字下沉(实例文件 ch08/11.html)。

在这一实例中,使用 span 元素把首字与其他文字区隔开,通过 CSS 设置 span 元素向左浮动,并通过右外边距设置首字与其他文字之间的距离,如图 8-16 所示。

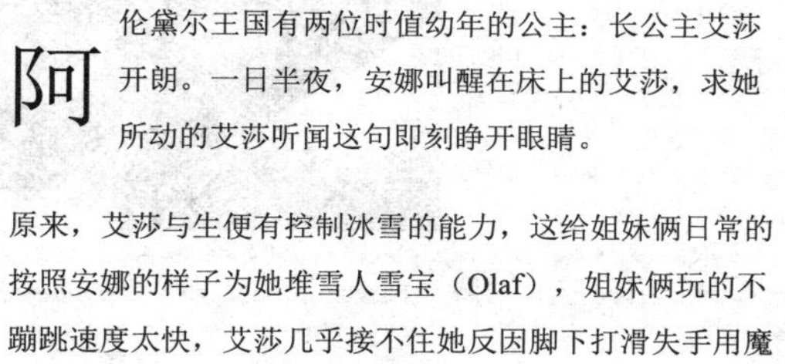

图 8-16 首字下沉

```
<style>
.first{
    font-size:3em;           /*3 倍文字大小*/
    float:left;
    margin-right:10px;       /*通过右外边距设置与其他文字之间的留白空间*/
}
</style>
<body>
<p><span class="first">阿</span>伦黛尔王国有两位时值幼年的公主…</p>
</body>
```

或者利用 CSS 中的 first-letter 伪元素选择器,可以不再需要通过 span 元素对段落的首字进行区隔,实现同样的效果:

```
<style>
.dropcap:first-letter{
    font-size:3em;
    float:left;
    margin-right:10px;
}
</style>
<body>
<p class="dropcap">阿伦黛尔王国有两位时值幼年的公主…</p>
</body>
```

8.1.6 图文混排

利用浮动的原理,设置图像向左浮动或向右浮动,图像周围的文字会自动围绕在图像周围,通过外边距的设置可以使图像与文字之间具有一定的距离,形成图文混排的效果。

【实例8-12】图文混排(实例文件ch08/12.html)。

在这一实例中,创建向左浮动或向右浮动的类样式,分别应用于向左浮动或向右浮动的图像。向左浮动的样式中,设置右外边距;向右浮动的样式中,设置左外边距,从而最终形成如图8-17所示的图文混排的效果。

图8-17 图文混排

```
<style>
.fl{
    float:left;
    margin-right:15px;
}
.fr{
    float:right;
    margin-left:15px;
}
</style>
<body>
<img src="images/poster01.jpg" width="400" height="265" class="fl"/><p>…</p>
<img src="images/poster02.jpg" width="400" height="265" class="fr"/><p>…</p>
</body>
```

8.2 移动端网页布局

由于移动端的设备具有各种不同的屏幕尺寸,因此需要采用响应式的方式设计网页,使网页能够在不同的移动终端上自适应。

8.2.1 响应式导航

【实例8-13】响应式导航(实例文件ch08/13.html)。

在这一实例中,响应式导航的页面结构与8.1.1节相同,仍然采用ul>li>a的结构。不同的是,导航区域不再设置固定宽度,而是采用 100% 的方式,可以随着移动终端的屏幕宽度自动伸展,最终效果如图 8 – 18 所示。

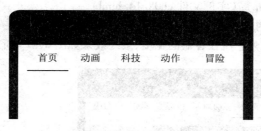

实例8-13

图 8 – 18 响应式导航

通过媒体查询技术进行判断,如果浏览器视口宽度小于 800px,那么设置导航区域的宽度为 100%;否则,设置导航区域的宽度为 750px。由于块级元素的默认宽度为 100%,因此只需要设置浏览器宽度大于 800px 的情况。

```css
@media screen and (min-width:800px) {
    body {
        width:750px;
        margin:0 auto;
    }
}
```

为了使 li 元素能够水平排列,可以采用 flex 布局的方式,设置 ul 元素为 flex 容器,li 元素的 flex 为 1,以使各 li 元素均分 ul 元素的宽度。

```css
nav ul {
    list-style:none;
    display:flex;              /*ul 元素为 flex 容器*/
}
nav ul li {
    flex:1;                    /*各 li 元素均分 ul 元素的宽度*/
}
```

对于超链接元素,通过 display、text-align 等的设置,使它能够伸展为与 li 元素同样的宽度,并且其中的文字水平居中。

```css
nav a:link, nav a:visited {
    display:block;             /*转换为块级元素*/
    text-align:center;         /*文字水平居中*/
    padding:10px 0;
    color:#000;
    text-decoration:none;
}
```

8.2.2 响应式卡片布局

【实例8-14】响应式卡片布局(实例文件ch08/14.html)。

在这一实例中,每张卡片的宽度为百分比自适应,卡片中的图像不再在img元素中设置宽度,而是在CSS中设置图片的宽度为它所在容器的宽度,最终效果如图8-19所示。

扫一扫

实例8-14

图8-19 响应式卡片布局

响应式卡片的结构可以采用与8.1.2节类似的方式,整体采用div>div的结构,也可以采用ul>li的结构,使得层次更加清晰。在这一实例中,采用ul>li的实现方式,其中ul元素为flex容器。

```
<div id="container">
  <ul>
    <li class="movie">
      <a href="#">
        <img src="images/01.jpg" />
        <div class="movie-info">
          文字内容
        </div>
      </a>
    </li>
    ...
  </ul>
</div>
```

在设置样式时,有以下一些关键点:

①flex容器中的卡片为多行布局,因此需要设置flex容器的flex-wrap属性或者简写的flex-flow属性为换行方式。

②通过设置justify-content属性为space-between,使每一行的第一张卡片在开始位置,每一行的最后一张卡片在终点位置。

③对于卡片的伸缩,通过flex-basis属性或者简写的flex属性,设置卡片的基础宽度为某个百分比值,如48%,这样剩余的空间为4%,会作为同一行两张卡片之间的距离。

④对于卡片中的图像,设置为与它所在的容器同样的宽度,从而能够自适应缩放。

```
#container ul {
    display:flex;
    flex-flow:row wrap;
    justify-content:space-between;
}
.movie {
    flex:0 1 48%;
}
.movie img {
    width:100%;
    height:auto;
}
```

8.2.3 响应式图文列表

【实例 8-15】响应式图文列表（实例文件 ch08/15.html）。

在这一实例中，每一行图文为一个 li 元素，为 flex 容器。在 li 元素内，文字位于"intro"区域，图片位于"pic"区域，如图 8-20 所示。

图 8-20 响应式图文列表

实例8-15

```
<div id="container">
  <ul>
    <li>
      <div class="intro">
        <p>文字...</p>
      </div> <!--intro 结束-->
      <div class="pic">
        <img src="images/xxx.jpg"/>
      </div> <!--pic 结束-->
    </li>
    ...
```

```
    </ul >
</div >
```

在设置样式时,有以下一些关键点:
①文字"intro"区域设置为占据一行剩余空间的 2/3 宽度。
②图片"pic"区域设置为占据一行剩余空间的 1/3 宽度。
③通过"intro"区域的右外边距设置文字与图片之间具有一定的距离。

```
#container ul li{
    display:flex;
}
.intro{
    flex:2;            /*占据 2/3 的剩余空间*/
    margin-right:15px;
}
.pic{
    flex:1;            /*占据 1/3 的剩余空间*/
}
```

思考与练习

一、PC 端页面排版练习

请利用浮动布局、绝对定位布局等布局方法,完成如图 8-21 所示版式网页的设计与制作。

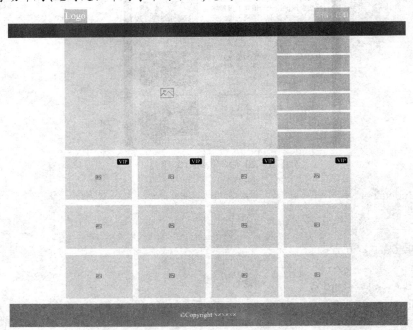

图 8-21 PC 端页面排版练习

二、移动端页面排版练习

请利用弹性布局方法,完成如图 8-22 所示版式网页的设计与制作。

图 8-22 移动端页面排版练习

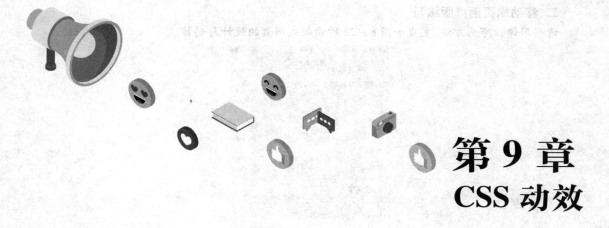

第 9 章
CSS 动效

◎教学目标：

通过本章的学习，掌握 CSS 中变换、过渡、动画的基本知识，实现用户与网页之间的交互动效。

◎教学重点和难点：

- 变换 transform
- 过渡 transition
- 动画 animation

在互联网发展初期，通过动态 gif 图像可以在网页上展示无交互的动画效果。在 Adobe 公司推出 Flash 技术之后，人们通过 Flash 可以在网页中创建更加丰富的动画效果，通过 Flash 对交互的支持甚至还可以创建游戏。在 HTML5 中，通过 JavaScript 语言和 Canvas 元素的配合，可以替代以前需要 Flash 才能完成的功能，但是需要熟练地掌握编程语言和更多的知识，具有较高的学习曲线。在 CSS3 中提出的变换、过渡、动画，可以便捷地实现网页中的动效，极大地降低了网页中动效实现的难度。

9.1 变换（transform）

通过 CSS 中的 transform 属性，可以对网页元素进行位移、旋转、缩放、倾斜等变换。

9.1.1 基本概念

1. transform 的基本用法

transform 属性的语法如下：

transform:none | <transform-list>

其中 transform-list 是变换函数的列表，它包含以下一些变换函数，如表 9-1 所示。

第 9 章 CSS 动效

表 9-1 变换函数

变换函数	说　明
translate(x,y)	实现网页元素水平方向、垂直方向的位移变换
translateX(n)	实现网页元素水平方向的位移变换
translateY(n)	实现网页元素垂直方向的位移变换
scale(x,y)	实现网页元素水平方向、垂直方向的缩放变换
scaleX(n)	实现网页元素水平方向的缩放变换
scaleY(n)	实现网页元素垂直方向的缩放变换
rotate(angle)	实现网页元素围绕自身的中心点旋转变换
skew(x-angle,y-angle)	实现网页元素水平方向、垂直方向的倾斜变换
skewX(angle)	实现网页元素水平方向的倾斜变换
skewY(angle)	实现网页元素垂直方向的倾斜变换

2. 浏览器前缀

与 flex 属性类似，在不同核心的浏览器统一支持 transform 属性之前，transform 属性需要加上浏览器前缀以被尽可能多的浏览器识别，如 -webkit-transform、-ms-transform。

9.1.2 变换函数

1. translate 位移

translate() 函数用于实现网页元素的位移变换，它的基本使用方法如下：

transform:translate(tx[,ty]);

其中，tx 设置水平方向的位移距离，ty 设置垂直方向的位移距离，它们既可以是使用如 px、em 等单位的数字，也可以是百分比，如图 9-1 所示。使用百分比时，是以网页元素自身的宽度和高度为参照。如果 translate() 函数只设置了一个参数，则第 2 个参数默认值为 0。

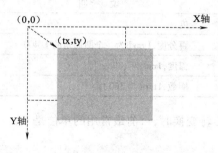

图 9-1　translate 位移

除了 translate() 函数以外，CSS 中还定义了 translateX() 函数和 translateY() 函数，分别用来实现水平方向和垂直方向的位移变换：

transform:translateX(tx);
transform:translateY(ty);

【实例 9-1】translate 位移（实例文件 ch09/01.html）。

在第 6 章中实现水平居中、垂直居中的播放按钮时，是通过负的 margin 进行偏移来实现的。在这种实现方法中,需要知道播放按钮的宽度和高度。

在这一实例中,利用 translate 变换函数的参数为百分比时,是以网页元素自身的宽度和高度为参照这一特性,采用向上、向左位移 50% 的实现方式,从而不再需要知道播放按钮具体的宽度和高度,如图 9-2 所示。

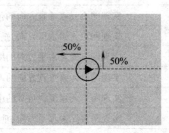

图 9-2　通过 translate() 函数实现播放按钮水平居中、垂直居中

```
.play{
    position:absolute;
    left:50%;
    top:50%;
    transform:translate(-50%,-50%);
}
```

2. rotate 旋转

rotate() 函数用于实现网页元素围绕自身的中心点旋转变换,它的基本使用方法如下:

transform:rotate(angle);

其中,rotate 的参数可以是任意角度,或者是 0。角度可以使用以下几种单位,如表 9-2 所示。

表 9-2　角度的单位

角度单位	说　　明	实　　例
deg	度	90deg
grad	百分度,1grad 为一个圆周角的 1/400	100grad
rad	弧度,1rad 为 180/π 度	1.57rad
turn	圈数,1turn 为 360 度	0.25turn

在使用 rotate() 函数实现旋转变换时,目前最常用的单位是 deg。

 提示:

角度可以为正数,也可以为负数。角度为正数时,网页元素顺时针旋转;角度为负数时,网页元素逆时针旋转。

网页元素默认的旋转中心点为该网页元素水平方向和垂直方向的中心。CSS 中 transform-origin 属性用于改变网页元素默认的变换中心点,适用于多种变换函数。它的基本使用方法如下:

transform-origin:x-offset y-offset z-offset;

其中:

①x-offset:定义变换中心距离网页元素左侧的偏移值,可以使用 left、right、center 关键字,也可

以通过数字＋单位、百分比来设置偏移值。

②y-offset：定义变换中心距离网页元素顶部的偏移值，可以使用 top、bottom、center 关键字，也可以通过数字＋单位、百分比来设置偏移值。

③z-offset：定义变换中心距离用户视线的偏移值，可以使用数字＋单位设置的偏移值。

如果 transform-origin 只设置了一个属性值，那么第 2 个属性值默认为"center"，第 3 个属性值默认为"0px"。

例如，在图 9-3 中，左侧的网页元素按照默认的中心点进行旋转；右侧的网页元素通过 transform-origin 设置它的变换中心在网页元素的左上角，然后以左上角为中心进行旋转。以下两种方式的属性设置都是正确的：

transform-origin:0 0;

transform-origin:left top;

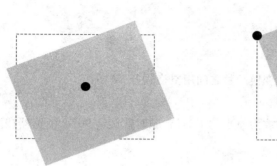
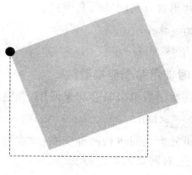

图 9-3　通过 transform-origin 属性改变元素的变换中心点

3. scale 缩放

scale()函数用于实现网页元素缩放变换，如图 9-4 所示。它的基本使用方法如下：

transform:scale(sx[,sy]);

其中，sx 设置水平方向的缩放倍数，sy 设置垂直方向的缩放倍数。

> **提示：**
> ①sx 和 sy 表示倍数，后面不需要设置单位。
> ②如果 scale()函数只设置了一个参数，那么它表示水平方向和垂直方向的缩放倍数。

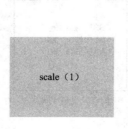
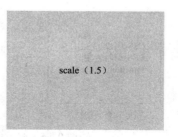

图 9-4　scale 缩放

除了 scale() 函数以外,CSS 中还定义了 scaleX() 函数和 scaleY() 函数,分别用来实现水平方向和垂直方向的缩放变换:

```
transform:scaleX(sx);
transform:scaleY(sy);
```

4. skew 倾斜

skew() 函数用于实现网页元素倾斜变换,它的基本使用方法如下:

```
transform:skew(ax[,ay]);
```

其中,ax 设置水平方向的倾斜度数,ay 设置垂直方向的倾斜度数。与 rotate 变换函数相同,ax 和 ay 的取值为某一角度或者 0,初始的倾斜中心位于网页元素的中心,可以通过 transform-origin 属性进行改变。

除 skew() 函数以外,CSS 中还定义了 skewX() 函数和 skewY() 函数,分别用来实现水平方向的倾斜变换和垂直方向的倾斜变换:

```
transform:skewX(ax);
transform:skewY(ay);
```

5. 同时使用多个变换函数

多个变换函数可以联合起来使用,变换函数之间用空格隔开,例如:

```
transform:scale(1.2) rotate(90deg);
```

表示对网页元素同时进行两种变换:缩放为原来的 1.2 倍,顺时针旋转 90°。浏览器按照变换函数的书写顺序,对网页元素进行变换。

9.2 过渡(transition)

通过 CSS 中的 transition 属性,可以实现在一定的时间之内,网页元素从一组 CSS 属性变换到另一组 CSS 属性的动画过程。这一过程中的中间状态的值,由浏览器计算得出。

9.2.1 基本概念

1. 过渡的两种状态

在网页元素上使用过渡时,网页元素需要定义两种状态的样式:初始状态的样式和最终状态的样式。在设置 transition 过渡后,浏览器以动画形式展现出两种状态之间的变化过程,如图 9-5 所示。一般 transition 属性设置在初始状态的样式中。

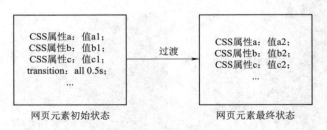

图 9-5 过渡的两种状态

2. 过渡的触发

网页元素两种状态之间过渡的触发,比较常用的方法是通过 CSS 中的伪类"hover"实现,即当鼠标指针悬停在网页元素上时,触发过渡的运行。对于第 10 章的表单控件来说,还可以使用表单控件的伪类"focus",即当输入焦点位于表单控件中时,触发过渡的运行。或者,通过 JavaScript 语言动态地改变网页元素的样式,也可以触发过渡的运行。

伪类触发动作结束后,网页元素的样式会恢复到初始状态,浏览器也会以动画的形式展示这一恢复的过程。

3. 适用于过渡的 CSS 样式

大部分 CSS 属性都适用于过渡,如 font-size、color、width、height、left、top 等。9.1 节的变换函数都支持过渡效果。但是仍然有一些 CSS 属性不支持过渡效果,如 display 属性、font-family 属性。

4. 浏览器前缀

与 transform 属性类似,为了适应不同核心的浏览器,transition 属性需要加上浏览器前缀以被尽可能多的浏览器识别。

9.2.2 使用过渡

在使用过渡时,既可以通过 transition 属性的简写方式,也可以通过分开设置属性的方式。通过简写方式使用过渡是目前较为通用的做法。

1. transition-property

transition-property 属性用于设置需要应用过渡的 CSS 属性,例如下面的代码表示在网页元素的背景颜色上应用过渡:

```
transition-property:background-color;
```

如果需要在网页元素的多个 CSS 属性上应用过渡,那么在多个 CSS 属性之间,用逗号","进行分隔,例如下面的代码表示在网页元素的背景颜色、颜色上同时应用过渡:

```
transition-property:background-color,color;
```

transition-property 属性值中有一个关键字"all",表示在所有的有变化的 CSS 属性上产生过渡,是一种较为简便的写法,形式如下:

```
transition-property:all;
```

2. transition-duration

transition-duration 属性用于设置过渡的持续时间,单位为秒"s"或者毫秒"ms",默认值为"0s",例如下面的代码都表示过渡的持续时间为 1 s:

```
transition-duration:1s;
transition-duration:1000ms;
```

> **提示:**
> 如果持续时间为小数,如 0.5 s,那么下面两种设置语法上都是正确的,即小数点前的"0"可以省略:

```
transition-duration:0.5s;
transition-duration:.5s;
```

3. transition-timing-function

transition-timing-function 属性用于设置过渡的速度函数,可以通过一些预设的关键字进行设置,也可以通过三次贝塞尔曲线函数进行设置,默认值为"ease"。它的基本使用方法如下:

transition-timing-function:linear|ease|ease-in|ease-out|ease-in-out|cubic-bezier(n,n,n,n);

不同的预设关键字,代表了不同的过渡速度,如表 9-3 所示。

表 9-3 速度函数预设值

速度函数预设值	说 明	实 例
linear	速度线性变化	transition-timing-function:linear;
ease	缓入缓出动画,慢速开始,然后变快,最后慢速结束	transition-timing-function:ease;
ease-in	缓入动画,慢速开始,结束时加速	transition-timing-function:ease-in;
ease-out	缓出动画,加速开始,慢速结束	transition-timing-function:ease-out;
ease-in-out	缓入缓出动画,慢速开始,然后变快,最后慢速结束	transition-timing-function:ease-in-out;

三次贝塞尔曲线函数通过控制曲线上的四个点(起始点、终止点以及两个相互分离的控制点)绘制出一条光滑曲线,并以曲线的状态来反映动画过程中速度的变化,如图 9-6 所示。其中,$P_0(0,0)$、$P_3(1,1)$ 分别为起始点和终止点,P_1、P_2 为控制点。

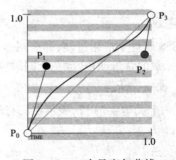

图 9-6 三次贝塞尔曲线

对于 ease、ease-in、ease-out、ease-in-out 等速度函数的预设值来说,它们对应的三次贝塞尔曲线如图 9-7 所示。

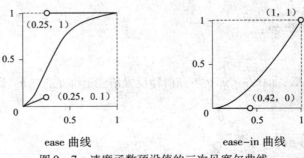

图 9-7 速度函数预设值的三次贝塞尔曲线

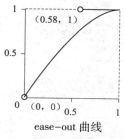
ease-out 曲线

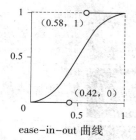
ease-in-out 曲线

图 9-7 速度函数预设值的三次贝塞尔曲线(续)

> **提示：**
> 在网站 http://cubic-bezier.com 及 https://easings.net 中，可以使用可视化的方式定制三次贝塞尔曲线函数，或者查看不同的曲线代表的运动速度的实际情况。

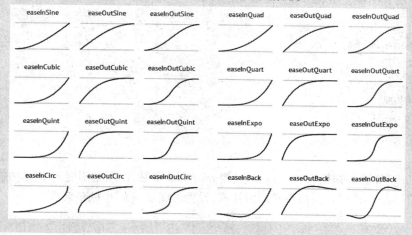

4. transition-delay

transition-delay 用于设置过渡的延迟时间，单位为秒"s"或者毫秒"ms"，默认值为"0s"。例如下面的代码表示过渡延迟 1 s 之后再开始：

transition-delay:1s;

5. transition 简写形式

通过 transition 属性进行简写，是更为简便的使用方式，它的基本使用方法如下：

transition:transition-property transition-duration transition-timing-function transition-delay;

其中，

①第 1 个表示时间的值被用于 transition-duration，第 2 个表示时间的值被用于 transition-delay。

②transition-timing-function 可以省略，默认值为"ease"。

③transition-delay 可以省略，默认值为"0s"。

【实例 9-2】透明度的过渡效果（实例文件 ch09/02.html）。

在这一实例中，用户未将鼠标指针悬停在图像上时图像透明度为 1，鼠标指针悬停于图像上时图像透明度降低为 0.5，实现与用户交互的效果，如图 9-8 所示。

开讲啦
由中央电视台综合频道（CCTV-1）和唯众传媒联合制作的《开讲啦》是中国首档青年电视公开课，创办于2012年。每期节目由一位知名人士讲述自己的故事，分享他们对于生活和生命的感悟，给予中国青年现实的讨论和心灵的滋养。讨论青年人的人生问题，同时也在讨论青春中国的社会问题。

 我是歌手
我是歌手是由中国湖南卫视从韩国MBC引进推出的唱歌真人秀节目，节目每期邀请7位已经成名的歌手进行竞赛。我是歌手包括普通赛、复活赛（第二、三、四季为突围赛）、踢馆赛（第三、四季）、半决赛（第一、二季）和歌王之战。

 最强大脑
最强大脑是江苏卫视引进德国节目《Super Brain》推出的大型科学竞技真人秀节目。节目是专注于传播脑科学知识和脑力竞技。全程邀请科学家，从科学角度，探秘天才的世界，并将筛选出的选手组成最强大脑中国战队，迎战来自海外的最强大脑战队，决出世界最强大脑。

扫一扫
实例9-2

图9-8 透明度的过渡效果

通过CSS设置图像初始状态和最终状态的样式：

```
.pic img{
    transition:all 0.5s;
    opacity:1;
}
.pic:hover img{
    opacity:0.5;
}
```

其中：
①". pic img"样式为初始状态的样式，设置transition属性，以及透明度opacity的初始值。
②". pic:hover img"样式为最终状态的样式，设置透明度opacity的最终值。

📌 提示：
由于默认情况下，网页元素的透明度opacity为1，". pic img"样式中的"opacity:1;"可以省略。

【实例9-3】缩放的过渡效果（实例文件ch09/03.html）。
在这一实例中，鼠标指针未悬停在图像上时图像为原始尺寸，鼠标指针悬停在图像上之后图像缩放为原始尺寸的1.5倍，实现与用户交互的效果，如图9-9所示。

 开讲啦
由中央电视台综合频道（CCTV-1）和唯众传媒联合制作的《开讲啦》是中国首档青年电视公开课，创办于2012年。每期节目由一位知名人士讲述自己的故事，分享他们对于生活和生命的感悟，给予中国青年现实的讨论和心灵的滋养。讨论青年人的人生问题，同时也在讨论青春中国的社会问题。

 我是歌手
我是歌手是由中国湖南卫视从韩国MBC引进推出的唱歌真人秀节目，节目每期邀请7位已经成名的歌手进行竞赛。我是歌手包括普通赛、复活赛（第二、三、四季为突围赛）、踢馆赛（第三、四季）、半决赛（第一、二季）和歌王之战。

 最强大脑
最强大脑是江苏卫视引进德国节目《Super Brain》推出的大型科学竞技真人秀节目。节目是专注于传播脑科学知识和脑力竞技。全程邀请科学家，从科学角度，探秘天才的世界，并将筛选出的选手组成最强大脑中国战队，迎战来自海外的最强大脑战队，决出世界最强大脑。

扫一扫
实例9-3

图9-9 缩放的过渡效果

通过 CSS 设置图像初始状态和最终状态的样式：

```
.pic{
    overflow:hidden;
}
.pic img{
    transition:all 0.5s;
}
.pic:hover img{
    transform:scale(1.5);
}
```

其中：

①图像所在的容器".pic"的样式需要设置"overflow:hidden;"，图像放大后，超出的部分被裁剪。

②".pic img"样式为初始状态的样式，设置 transition 属性。

③".pic:hover img"样式为最终状态的样式，通过 transform 属性的 scale 变换函数设置缩放比例为初始值的 1.5 倍。

【实例 9-4】位置的过渡效果（实例文件 ch09/04.html）。

在这一实例中，通过鼠标指针悬停在图像区域上时，改变文字信息区域的位置实现与用户交互的效果，如图 9-10 所示。

图 9-10 位置的过渡效果

这一实例的实现原理如图 9-11 所示。

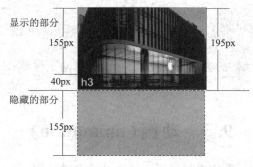

图 9-11 文字信息浮出实现原理

其中：

①内容由上半部分的图像和下半部分的文字信息区域两部分组成，初始时，上半部分显示，下

半部分隐藏。

②文字信息区域由 h3 标题和 p 段落组成,采用绝对定位方式,初始时通过 CSS 中的 top 属性,使得文字信息区域只显示 h3 标题。

③当鼠标指针悬停时改变文字信息区域的 top 属性,使文字信息区域自底向上浮出。

```css
.meeting{
    position:relative;
    overflow:hidden;
}
.meeting h3{
    line-height:40px;
}
.info{
    position:absolute;
    top:155px;
    left:0;
    transition:all 0.5s;
}
.meeting:hover .info{
    top:0;
}
```

其中:

①".meeting h3"样式中通过"line-height:40px;"使 h3 标题的行高为 40px,并且垂直居中。

②文字信息区域".info"样式为初始状态的样式,设置 transition 属性,并通过"top:155px"使文字信息区域只显示出 h3 标题。

③".meeting:hover .info"样式为最终状态的样式,通过"top:0"使文字信息区域浮出到整体区域的顶部。

提示:

对于文字信息区域最终状态的位置设置,除了通过 CSS 中的 top 属性以外,也可以通过 translateY()变换函数实现同样的效果:

```css
.meeting:hover .info{
    transform:translateY(-155px);
}
```

其中,需要注意 translateY()函数的参数为正值时,网页元素向下位移;translateY()函数的参数为负值时,网页元素向上位移。

9.3 动画(animation)

与过渡只能够完成网页元素在两种状态之间转换的动效不同,通过 CSS 中的 animation 属性,可以实现在多种状态之间转换的动效,每一种状态也被称为一个关键帧。在制作过程中,需要先通过@keyframes 定义包含一系列关键帧的动画,然后再将动画应用到网页元素上。

> **提问：**
> 常见问题：transition 与 animation 有什么区别？
> ①transition 只能够支持两个关键帧之间的动效，animation 可以支持多个关键帧之间的动效。
> ②transition 需要通过伪类或 JavaScript 触发，animation 可以通过触发来运行，也可以不通过触发直接运行动画。
> ③animation 支持更多的参数设置，如动画重复次数、动画运行方向、动画运行状态等。

9.3.1 定义动画

在 CSS 中，通过如下的语法定义动画：

```
@keyframes animation-name{
  keyframe-selector{declaration-list}
  keyframe-selector{declaration-list}
  ...
}
```

其中：

①@keyframes 被称为 at 规则，并不是 CSS 属性。

②keyframe-selector 是关键帧的时间点，取值可以是"from|to|百分比"中的一种。from 表示第 1 个关键帧，与 0% 等价，to 表示最后 1 个关键帧，与 100% 等价，动画的中间阶段用百分比表示，如 "25%""50%"。

③declaration-list 是 1 个或者多个 CSS 声明的列表。

> **提示：**
> at 规则除了上面提到的 @keyframes，还有在样式表中引入另一个样式表时使用的 @import 声明、媒体查询时使用的 @media 声明等。

假设定义一个淡入效果的动画，在动画开始时透明度为 0，在动画结束时透明度为 1：

```
@keyframes fadeIn{
  from{
    opacity:0;
  }
  to{
    opacity:1;
  }
}
```

或者使用百分比来表示关键帧的位置，把动画定义改写为：

```
@keyframes fadeIn{
  0%{
    opacity:0;
  }
  100%{
    opacity:1;
  }
}
```

假设除了淡入的效果,还需要结合向上的位移运动,那么在关键帧的 CSS 声明中,需要进一步设置位移变换函数:

```
@keyframes fadeInUp{
  0%{
    opacity:0;
    transform:translateY(100%);
  }
  100%{
    opacity:1;
    transform:none;
  }
}
```

其中,
①动画开始时:transform:translateY(100%)表示网页元素向下位移网页元素自身高度的距离。
②动画结束时:transform:none 表示网页元素不进行变换。

【实例 9-5】抖动效果动画(实例文件 ch09/05.html)。

在这一实例中,需要实现一个如图 9-12 所示的抖动效果动画:在动画时长的 0%、100% 时网页元素保持原来的位置,20%、60% 时网页元素向右位移 10px,40%、80% 时网页元素向左位移 10px。

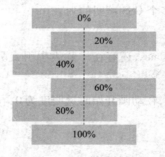

图 9-12 抖动效果

```
@keyframes shake{
  0%,100%{
    transform:translateX(0);
  }
  20%,60%{
    transform:translateX(10px);
  }
  40%,80%{
    transform:translateX(-10px);
  }
}
```

其中,通过"0%,100%""20%,60%""40%,80%"的表示形式,可以在多个关键帧使用相同的 CSS

声明时,简化代码的书写。

> 提示:
> 在 https://daneden.github.io/animate.css 中,作者提供了几十种不同的预定义的动画,如"bounce""flash""pulse""swing"等。下载"animate.css"这一文件并引入到编写的 html 文件后,就可以直接使用这些预定义的动画。

9.3.2 使用动画

在使用动画时,既可以通过 animation 属性的简写方式,也可以通过分开设置各属性的方式。

1. animation-name

animation-name 用于设置需要使用的由@keyframes 规则定义的动画名称,例如下面的代码表示使用名称为"fadeIn"的由@keyframes 规则定义的动画。

animation-name:fadeIn;

如果需要同时使用多个动画,例如同时使用淡入动画以及抖动动画,那么在多个动画名称之间,用逗号","进行分隔,例如:

animation-name:fadeIn,shake;

> 提示:
> animation-name 设置的动画名称需要与@keyframes 中定义的动画名称在大小写方面保持一致,即如果在@keyframes 中定义的动画名称为"fadeIn"(I 大写),那么 animation-name 设置的动画名称也需要为"fadeIn"。

2. animation-duration

与 transition-duration 类似,animation-duration 用于设置动画的持续时间,单位为秒"s"或者毫秒"ms",默认值为"0s"。

3. animation-timing-function

与 transition-timing-function 类似,animation-timing-function 用于设置动画的速度函数,可以使用 linear、ease、ease-in、ease-out、ease-in-out 等预设值,或者使用三次贝塞尔曲线函数,默认值为"ease"。

4. animation-delay

与 transition-delay 类似,animation-delay 用于设置动画的延迟时间,单位为秒"s"或者毫秒"ms",默认值为"0s"。

5. animation-iteration-count

animation-iteration-count 用于设置动画的重复运行次数,它的基本使用方法如下:

animation-iteration-count:infinite|number;

其中:

①infinite 表示动画无限次重复运行。

②number 表示动画重复次数的数字,默认值为"1"。

animation-iteration-count 一般与 animation-direction 联合使用。

6. animation-direction

animation-direction 用于设置动画是否反向播放,它的基本使用方法如下:

animation-direction:normal | reverse | alternate | alternate-reverse;

其中:

①normal 表示在每个动画循环内,动画按照定义的关键帧步骤正向运行。

②reverse 表示在每个动画循环内,动画按照定义的关键帧步骤反向运行。

③alternate 表示在奇数次动画循环内,动画按照定义的关键帧正向运行;在偶数次动画循环内,动画按照定义的关键帧步骤反向运行。

④alternate-reverse 表示在奇数次动画循环内,动画按照定义的关键帧步骤反向运行;在偶数次动画循环内,动画按照定义的关键帧步骤正向运行。

提示:

如果 animation-direction 设置为 alternate 或者 alternate-reverse,animation-iteration-count 需要设置为≥2 的偶数或者 infinite,才能够形成完整的循环。

【实例 9-6】animation-direction 的不同取值的区别(实例文件 ch09/06.html)。

在这一实例中,演示了 animation-direction 的不同取值产生的动画的区别,如图 9-13 所示。

①animation-direction 值为 normal 或 reverse 的 2 次动画之间会产生跳跃感。

②animation-direction 值为 reverse 或 alternate-reverse 动画从反向开始。

③animation-direction 值为 alternate 或 alternate-reverse 的 2 次动画之间平滑地进行交替。

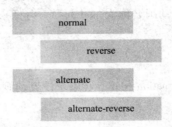

图 9-13　animation-direction 不同取值的区别

7. animation-play-state

animation-play-state 既可用于获得当前动画是处于暂停状态还是运行状态的信息,也可用于设置动画暂停或者从暂停恢复运行,它的基本使用方法如下:

animation-play-state:running | paused;

其中:

①当设置 animation-play-state 为 paused 时,动画暂停。

②当设置 animation-play-state 为 running 时,动画从暂停恢复运行。

【实例 9-7】动画的暂停和运行(实例文件 ch09/07.html)。

在这一实例中,演示了通过 animation-play-state 控制动画的暂停和运行,如图 9-14 所示。

①悬停时动画暂停:在网页元素的 hover 伪类样式中,通过"animation-play-state:paused"实现鼠标指针悬停时动画暂停的效果。

②悬停时动画运行:网页元素初始时设置"animation-play-state:paused"样式,结合 hover 伪类样式中"animation-play-state:running"实现鼠标指针悬停时动画运行的效果。

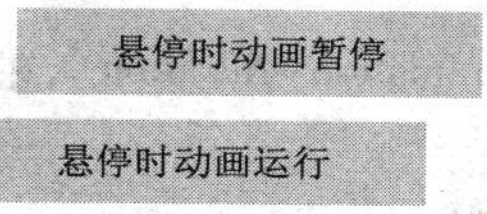

悬停时动画暂停

悬停时动画运行

图 9-14　动画的暂停和运行

8. animation-fill-mode

animation-fill-mode 用于设置在动画运行之前和之后网页元素使用动画定义中的哪种样式，它的基本使用方法如下：

animation-fill-mode:none | forwards | backwards | both;

其中：

①none 表示动画运行前后不改变网页元素的样式。它是 animation-fill-mode 的默认值。

②forwards 表示动画运行后，网页元素保持动画"最后一个关键帧"的样式。"最后一个关键帧"并不一定是@ keyframes 规则中"to"或者"100%"所指的关键帧，它的确定还会受到 animation-direction 和 animation-iteration-count 的影响。例如，animation-direction 的取值为 alternate 并且 animation-iteration-count 取值为偶数时，最后一个关键帧其实是"0%"或者"from"中定义的关键帧。

③backwards 表示动画运行前，如果动画设置了延迟，那么在延迟时间内，网页元素采用"第一个关键帧"的样式。与"最后一个关键帧"类似，"第一个关键帧"并不一定是@ keyframes 规则中"from"或者"0%"所指的关键帧，它的确定受到 animation-direction 的影响。

④both 表示动画运行之前和之后，兼具"forwards"和"backwards"的效果。

【实例 9-8】animation-fill-mode(实例文件 ch09/08. html)。

在这一实例中，演示了 animation-fill-mode 的不同取值产生的动画的区别，如图 9-15 所示。

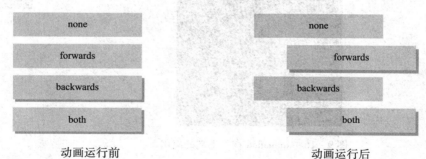

动画运行前　　　　　　　　　　　　动画运行后

图 9-15　animation-fill-mode 不同取值的区别

①在动画结束后，"none"不改变网页元素的样式。

②在设置了延时的动画开始前，"backwards"和"both"使网页元素采用第一个关键帧的样式。在这一案例中，网页元素具有第一个关键帧中定义的阴影。

③在动画结束后，"forwards"和"both"使网页元素采用最后一个关键帧的样式。

9. animation 简写形式

通过 animation 属性进行简写，是更为简洁的方式，它的基本使用方法如下：

animation:animation-name animation-duration animation-timing-function animation-delay animation-iteration-count animation-direction animation-play-state animation-fill-mode;

其中，

①第1个表示时间的值被用于"animation-duration"，第2个表示时间的值被用于"animation-delay"。

②animation-duration 的默认值为"0s"。

③animation-timing-function 的默认值为 ease。

④animation-delay 的默认值为"0s"。

⑤animation-iteration-count 的默认值为"1"。

⑥animation-direction 的默认值为"normal"。

⑦animation-fill-mode 的默认值为"none"。

⑧animation-play-state 的默认值为"running"。

【实例9-9】animation 在移动端的应用（实例文件 ch09/09.html）。

在这一实例中，移动端页面底部的箭头元素通过无限次地在垂直方向的位移运动，提示用户可以进行向上翻页的手势动作，如图9-16所示。

图9-16　animation 在移动端的应用

在实现中，首先通过@keyframes 创建垂直方向的位移动画"updown"，然后创建一个应用于箭头元素的样式，在样式中通过 animation 属性使用 updown 动画，并结合 infinite 属性值和 alternate 属性值实现动画的循环运行。

```
@keyframes updown {
  0% {
    transform:translateY(0px);
  }
  100% {
    transform:translateY(15px);
  }
}
```

```
.updown {
    animation:updown 1s infinite alternate;
}
```

思考与练习

一、判断题

1. translateY 变换函数的参数为正数时，网页元素向上做位移。 ( )
2. scale 变换函数的参数需要使用 px 作为单位。 ( )
3. rotate 变换函数的旋转度数既可以为正数，也可以为负数。 ( )
4. 通过 transition 实现的动画，可以在多个 CSS 属性上同时进行变换。 ( )
5. 通过 @keyframes 规则定义动画时，"from" 与 "0%" 具有相同的含义。 ( )

二、单选题

1. 以下不属于变换函数的是（   ）。
   A. translate　　　　B. scale　　　　C. move　　　　D. rotate
2. 以下 CSS 属性中，不支持过渡的是（   ）。
   A. color　　　　B. display　　　　C. background-color　　　　D. font-size
3. 在下面的过渡属性设置中，不正确的是（   ）。
   A. transition-duration:1.5s;　　　　B. transition-timing-function:fade;
   C. transition-delay:.5s;　　　　D. transition-timing-function:ease;
4. 在 @keyframes 规则中，"keyframe-selector" 不可以是（   ）。
   A. from　　　　B. to　　　　C. h1　　　　D. 100%
5. 在下面的动画属性设置中，不正确的是（   ）。
   A. animation-duration:2000ms;　　　　B. animation-timing-function:linear;
   C. animation-delay:1.5s;　　　　D. animation-timing-function:shake;

第 10 章
表　　单

◎**教学目标**:

通过本章的学习,理解表单在网页中的作用,掌握 form 元素及各表单控件使用的基本方法,学会创建表单类型的网页。

◎**教学重点和难点**:

- form 元素
- 表单控件的使用
- 表单的布局方法
- 表单类型网页的创建

表单是用户和服务器之间进行信息沟通的桥梁,用于收集不同类型的由用户输入的信息。从搜索类型的网页,到注册类型、登录类型的网页,都需要利用表单来实现信息的收集、发送、处理等功能。

10.1　表　　单

10.1.1　表单基本概念

表单是用于实现用户与服务器之间信息交互的一种页面元素,被广泛用于各种信息的收集和反馈。以图 10-1 所示的百度网站为例,用户在搜索框中填写搜索词,单击"百度一下"按钮提交数据后,用户的搜索词会通过 HTTPS 协议传送到服务器。服务器接收到搜索词以后,由服务器端的程序对数据进行处理,最后把搜索结果以 HTML 文档的形式发送给客户端的浏览器。

10.1.2　创建表单

表单通常由以下两部分组成:
①浏览器端:提供信息输入界面的 HTML 表单。
②服务器端:接收并处理表单数据的服务器端程序,一般是由 ASP.NET、JSP、PHP、Perl 等语言编写的动态网页程序。

提供信息输入界面的 HTML 表单由 form 元素以及文本域、密码域、按钮等表单控件组成。form

元素是块级元素,起到容器的作用,包含表单中的各个表单控件。它的语法如下:

图 10-1 百度网站

```
<form action = "/search.php" method = "get">
    …表单控件…
    …表单控件…
    …表单控件…
</form>
```

其中,action 属性和 method 属性是 form 元素最重要的两个属性,它们的功能如下:

(1) action 属性

指定提交表单时,接收表单数据的服务器端程序的 URL。如果没有设置这一属性,则数据将被发送到表单页面自身。在上面的示例中,表单数据被提交到服务器端的"/search.php"程序。

(2) method 属性

指定提交表单数据的方式,有 get 和 post 两种方法。get 方法将表单数据附加到 HTTP 请求的 URL 中,post 方法将表单数据隐含在 HTTP 请求主体中发送出去。例如,在百度网站搜索"form",这一搜索词是通过 get 方法提交出去的,因此会附加到 HTTP 请求的 URL 中,在问号"?"后面通过"名称=值"对的形式传递数据,每对数据之间用符号"&"分隔,形式如下:

https://www.baidu.com/s?ie=utf-8&wd=form

get 方法与 post 方法的详细区别如表 10-1 所示。

表 10-1 get 方法与 post 方法的区别

区别	get 方法	post 方法
书签	可收藏为书签	不可收藏为书签
缓存	能缓存	不能缓存
历史	参数保留在浏览器历史中	参数不会保存在浏览器历史中
对数据长度的限制	有限制	无限制
安全性	安全性较差,在发送密码或其他敏感信息时不要使用 get 方法	比 get 方法更安全,因为其参数不会被保存在浏览器历史或 Web 服务器日志中
可见性	数据在 URL 中对所有人都是可见的	数据不会显示在 URL 中
适用场景	搜索表单等	登录表单、注册表单、问卷调查表单等

服务器端程序需要与 HTML 表单配合使用,通过不同的方法获得 get 方法或者 post 方法提交的表单数据。例如,如下的 PHP 程序用来获得 get 方法提交的名称为"wd"的表单数据并显示出来:

```
<?php
  $wd = $_GET['wd'];
  echo $wd;
?>
```

10.2 表单控件

表单控件是允许用户输入数据的机制。常用的表单控件有文本域、密码域、单选按钮、复选框、文本区域、选择列表、按钮等，如图 10-2 所示。不同的表单控件，有些使用不同的元素标签，有些使用相同的元素标签，但是具有不同的"type"属性值。

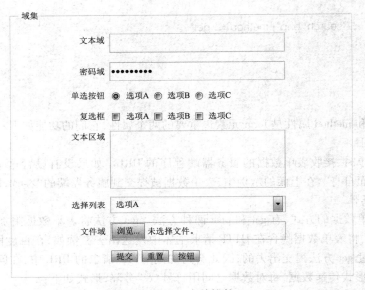

图 10-2 表单控件

10.2.1 文本域

文本域使用 <input> 标签，用于接收单行文本，如姓名、E-mail 地址、电话号码和其他文本。文本域的 type 属性值为"text"，它的使用方法如下：

```
<label for="username">用户名</label>
<input type="text" name="username" id="username">
```

其中，label 元素用于将表单控件和它的描述文字进行关联，有以下两种不同的使用方法：

1. 使用 for 属性

通过 label 元素的 for 属性来表明它对应的表单控件，对应的表单控件需要具有相应的 id 属性值。在上面的案例中使用的就是这种方法。

2. 使用标签包围

将 label 元素作为容器来包含描述文字和表单控件，例如：

```
<label>
    用户名 <input type="text" name="username" id="username">
</label>
```

文本域的常用属性如表 10-2 所示。

表 10-2 文本域的常用属性

属　　性	说　　明
id	用于 label、CSS 或者 JavaScript 的控制
name	用于文本域的命名,在信息被发送到服务器端时,组成"名称=值"对,服务器端程序依靠 name 识别接收到的数据的含义。name 的名称在所在表单范围内必须唯一
maxlength	允许输入的最大字符数
autocomplete	是否允许浏览器使用用户以前输入的数据自动进行文本域的输入,取值为 on 或者 off
autofocus	在网页加载时自动获得输入焦点
placeholder	在用户输入信息之前,显示在文本域中的提示信息,如期望用户输入的内容、输入的格式
required	要求文本域在表单提交时必须有内容,不能为空

例如,假设希望文本域在网页加载时自动获得输入焦点,其中的提示文字为"请输入昵称",最大字符数为 30,并且表单提交时对文本域是否为空进行验证,相应的代码为:

```
<input name="username" type="text" autofocus required id="username" placeholder="请输入昵称" maxlength="30">
```

在提交表单时,浏览器会对文本域是否为空进行验证。如果发现用户没有在文本域中输入数据,则会进行提示,如图 10-3 所示。

图 10-3 文本域验证

10.2.2 密码域

密码域使用 <input> 标签,用于接收在输入过程中需要隐藏的数据。密码域的 type 属性值为 "password",它的使用方法如下:

```
<input type="password" name="password" id="password">
```

使用密码域输入的密码或者其他信息在发送给服务器时并未进行加密处理,所传输的数据如果是在不安全的网络中进行,则可能会被截获并被读取。因此,网站与浏览器之间需要通过 HTTPS (Hyper Text Transfer Protocol over Secure Socket Layer)协议来保证数据传输的安全。

密码域具有和文本域同样的属性,如 maxlength、autocomplete、autofocus、placeholder、required 等。

10.2.3 单选按钮

单选按钮使用<input>标签,一般成组使用,用于一组互相排斥的选项,一组中只能选择一个选项。单选按钮的 type 属性值为"radio",它的使用方法如下:

```
<label >
   <input type ="radio"  name ="radio"  value ="选项 A"  id ="radio_0">选项 A
</label >
<label >
   <input type ="radio"  name ="radio"  value ="选项 B"  id ="radio_1">选项 B
</label >
<label >
   <input type ="radio"  name ="radio"  value ="选项 C"  id ="radio_2">选项 C
</label >
```

其中:
① 同一组中,单选按钮必须具有相同的 name 属性值。
② 同一组中,单选按钮的 value 属性值不能相同。

单选按钮可以通过 checked 属性,设置默认为选中状态。例如下面的单选按钮默认为选中状态:

```
<label >
   <input type ="radio"  name ="radio"  value ="选项 A"  id ="radio_0"  checked >选项 A
</label >
```

10.2.4 复选框

复选框使用<input>标签,用于从一组的多个选项中选择一项或多项。复选框的 type 属性值为"checkbox",它的使用方法如下:

```
<label >
   <input type ="checkbox"  name ="checkbox"  value ="选项 A"  id ="checkbox_0">选项 A
</label >
<label >
   <input type ="checkbox"  name ="checkbox"  value ="选项 B"  id ="checkbox_1">选项 B
</label >
<label >
   <input type ="checkbox"  name ="checkbox"  value ="选项 C"  id ="checkbox_2">选项 C
</label >
```

复选框的 name、value、checked 属性的用法与单选按钮相同,即同一组中的复选框,name 属性值必须相同,value 属性值不相同,checked 属性表示默认为选中状态。

10.2.5 文本区域

文本区域使用<textarea>标签,用于接收多行文本,如简介、留言、文章,它的使用方法如下:

```
<textarea name ="textarea"  cols ="40"  rows ="10"  id ="textarea"> </textarea >
```

其中：
①cols：文本区域的列数。
②rows：文本区域的行数。用户的输入内容可以多于这个行数，超过可视区域的内容可以用滚动条进行控制操作。
③通过设置 CSS 中的 width 属性和 height 属性，可以替代 cols 和 rows 属性的设置。

10.2.6　选择列表

选择列表也称下拉列表，它可以用下拉列表的形式显示，只允许选择一个选项；也可以用列表框的形式显示，允许选择多个选项。选择列表使用 < select > 标签以及 < option > 标签，< option > 标签位于 < select > 标签内，用于定义列表中的每个选项，不同的 option 元素的 value 属性值不能相同。它的使用方法如下：

```
<select name="select" id="select">
  <option value="选项A" >选项 A </option>
  <option value="选项B" >选项 B </option>
  <option value="选项C" >选项 C </option>
</select>
```

默认情况下，选择列表中显示的是第一个选项，selected 属性可以用来指定当网页加载时被选中并显示的选项。例如在选项 B 上增加 selected 属性，它将成为默认被选中的选项：

```
<option value="选项B" selected >选项 B </option>
```

通过设置选择列表的 size 属性为大于 1 的值，可以使选择列表成为一个能显示多个选项的列表框。并且，通过增加 multiple 属性，可以设置允许用户从列表框中选择多个选项。

10.2.7　文件域

文件域使用 < input > 标签，用于提供用户上传文件的功能。文件域的 type 属性值为"file"。文件域的外观与文本域类似，但是文件域还包含一个"浏览"按钮，用户可以使用"浏览"按钮选择文件作为表单数据上传。它的使用方法如下：

```
<input name="fileField" type="file" id="fileField">
```

要将所选择的文件真正上传到服务器中，必须要有服务器端程序能够处理文件提交操作才可以。文件域要求使用 post 方法将文件从浏览器传输到服务器中。因此，如果表单中有文件域，则表单提交方法只能选择 post 方法。

10.2.8　按钮

按钮使用 < input > 标签，可以定义提交按钮、重置按钮及普通按钮三种不同功能的按钮，它们分别具有不同的 type 属性值。按钮的 name 属性不是必须的，value 属性值为按钮上显示的文字。它的使用方法如下：

```
<input type="submit" name="submit" id="submit" value="提交">
<input type="reset" name="reset" id="reset" value="重置">
<input type="button" name="button" id="button" value="按钮">
```

其中：
①提交按钮：用于将表单数据提交给处理表单的服务器程序，type 属性值为"submit"。

②重置按钮：用于将表单中各个控件重置为初始值，type 属性值为"reset"。

③普通按钮：没有默认动作，通常与 JavaScript 一起使用，在浏览器端执行某种处理，type 属性值为"button"。

除了这三种使用 <input> 标签的按钮以外，在 HTML 中还定义了通过 <button> 标签形成的按钮。它的使用方法如下：

```
<button type="submit">提交</button>
<button type="reset">重置</button>
<button type="button">按钮</button>
```

通过 <button> 标签形成的按钮，可以在 button 元素的开始标签和结束标签之间放置内容，如文本或图像，从而使它具有更多的可控性。

10.2.9 域集

域集使用 <fieldset> 标签，可以把相关的表单控件分为一组。默认情况下，浏览器会在域集的四周加上边框，从而提高视觉上的可读性。legend 元素位于 fieldset 元素的内部，是说明本组表单控件的标题，帮助用户理解表单控件组的用途。它的使用方法如下：

```
<fieldset>
  <legend>域集</legend>
  <form>
  表单控件
  表单控件
  …
  </form>
</fieldset>
```

10.3　HTML5 中的表单控件

在 HTML5 中，新增了很多表单控件，用于不同类型数据的输入，如邮件地址、网址、数字、颜色、日期等，它们都使用 <input> 标签。浏览器会针对这些输入类型做特殊的数据有效性的验证，特别是移动端的浏览器还会根据输入类型改变键盘模式，从而更便于数据的输入。但是在不支持新特性的浏览器中，这些表单控件会降级为普通的文本域。HTML5 的部分新增表单控件如表 10-3 所示。

表 10-3　HTML5 中的表单控件

表单控件	type	说　明
电子邮件	email	用于输入电子邮件，浏览器会自动进行数据格式有效性检测，提供适用于电子邮件输入的键盘排列
网址	url	用于输入网址，浏览器会自动进行数据格式有效性检测，提供适用于搜索输入的键盘排列
搜索	search	用于输入搜索词，浏览器会提供适用于搜索输入的键盘排列

续表

表单控件	type	说　　明
数字	number	用于输入数字,可以通过min属性设置最小值,max属性设置最大值,step属性设置步长
颜色	color	用于在"颜色选择"对话框中选择颜色
时间	time	用于输入时:分格式的时间
日期	date	用于输入年/月/日格式的日期
范围	range	通过滑动条的方式输入数字

例如,在支持HTML5的浏览器中,如下的表单控件的界面外观如图10-4所示。

```
<input name ="number" type ="number" id ="number" min ="1" max ="5">
<input name ="color" type ="color" id ="color">
<input name ="time" type ="time" id ="time">
<input name ="date" type ="date" id ="date">
<input name ="range" type ="range" id ="range" min ="1" max ="5">
```

图10-4　HTML5中表单控件的外观

10.4　表单的可用性和布局

用户通过表单进行信息的填写和提交时,良好的表单布局有助于提高表单的可用性。例如:
①表单应该尽可能地简短,以减少用户输入信息的负担。
②表单控件与对应的标签应该尽量靠近,形成视觉上的良好分组。
③表单中的元素应该遵循对齐的原则。
④表单应该为如何录入数据提供帮助信息。
⑤表单应该及时对用户的输入进行验证,并提供反馈。
根据不同的表单类型,表单采用不同的布局设计。例如,对于登录类型的表单,一般采用如图10-5所示的布局方式。
在图10-5左侧的表单中,从上至下依次是各表单控件的标签和控件。在图10-5右侧的表单中,取消了表单控件的文字标签,而是通过图标的方式更加形象化地表示当前表单控件需要输入的数据。

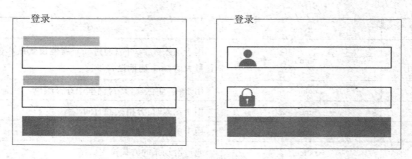

图 10-5　登录表单的布局方式

表单除了以嵌入在网页内容中显示的方式以外,也经常以弹出对话框的形式呈现。通过表单控件中的信息文字来提示控件中需要输入的数据,通过右上角的"关闭"按钮可以关闭对话框,如图 10-6 所示。

图 10-6　弹出对话框中的表单

对于注册型的表单,由于需要填写的信息较为丰富,经常采用如图 10-7 所示的布局方式。

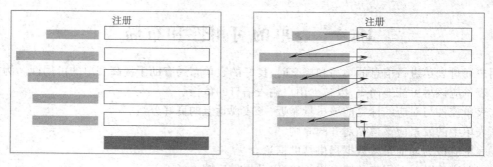

图 10-7　注册表单的布局方式

在图 10-7 所示的表单中,左侧的表单控件文字标签右对齐,右侧的控件左对齐,一方面通过一致的排列使信息呈现很强的规律性;另一方面可使用户在填写表单时视线的移动能够具有较短的距离,从而提高表单的可用性。

10.5 表单案例

10.5.1 登录表单

【**实例**10-1】登录表单(实例文件 ch10/01.html)。

在这一实例中,通过域集、文本域、密码域、提交按钮的结合,完成登录表单的设计,如图 10-8 所示。

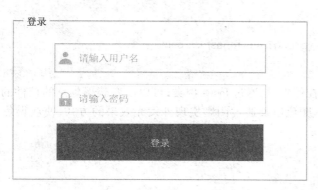

扫一扫

实例10-1

图 10-8 登录表单

表单控件是行内元素,为了形成上下形式的排列,需要借助块级元素的特性。块级元素可以使用 div、li、p 等元素。在这一实例中,使用了 p 元素来形成上下多行的形式。

HTML 的结构如下:

```
<form action="#" method="post" name="form1">
<fieldset>
  <legend>登录</legend>
  <p>
    <input name="username" type="text" required class="form-input" id="username" placeholder="请输入用户名">
  </p>
  <p>
    <input name="password" type="password" required class="form-input" id="password" placeholder="请输入密码">
  </p>
  <p>
    <input type="submit" name="submit" class="btn" id="submit" value="登录">
  </p>
</fieldset>
</form>
```

其中,通过 input 元素的 required、placeholder 属性的使用,使表单控件具有信息提示、提交表单时自动验证是否为空的功能。

在 CSS 中,通过 width 属性的设置,使表单控件具有统一的宽度;通过背景图像的方式在文本域和密码域的左侧显示形象化的图标,提示用户在控件中需要输入的内容。通过内边距的设置,使文本域和密码域中的文字周围具有留白空间,并能够向右侧缩进以显示出图标。

```css
.form-input{
  width:240px;
  padding:10px 10px 10px 30px;
  border:1px solid #CCC;
}
#username{
  background:url(images/user.png) no-repeat left center;
}
#password{
  background:url(images/pwd.png) no-repeat left center;
}
```

当用户输入的焦点在某个控件中时,通过focus伪类,可以改变获得焦点的控件的样式。在这一实例中,通过改变控件的边框颜色以及通过阴影实现外发光效果的方式,使获得焦点的控件更加醒目。

```css
.form-input:focus{
  border:1px solid #a5d4ed;
  box-shadow:0 0 4px 1px rgba(32,157,230,0.4);
}
```

10.5.2 注册表单

【实例10-2】注册表单(实例文件ch10/02.html)。

在这一实例中,使用文字标签右对齐、表单控件左对齐的布局方式完成注册表单的设计,如图10-9所示。

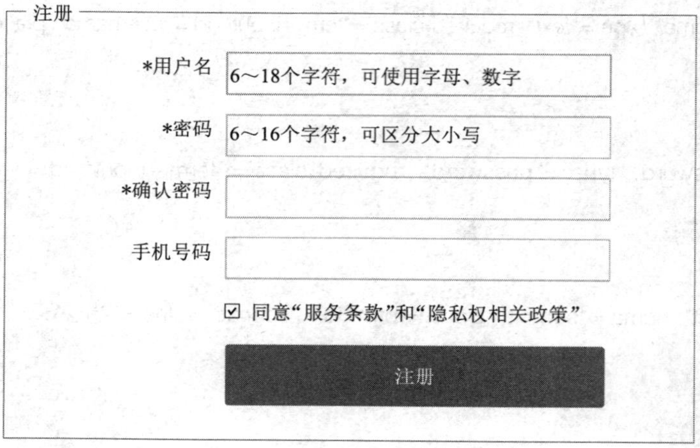

实例10-2

图10-9 注册表单

HTML的结构如下:

```html
<form action="#" method="post" name="form1" id="form1">
  <fieldset>
    <legend>注册</legend>
    <p>
      <label for="textfield" class="form-lable">*用户名</label>
      <input name="textfield" type="text" required class="form-input" id="textfield" placeholder="6~18个字符,可使用字母、数字">
    </p>
    <p>
      <label for="password" class="form-lable">*密码</label>
      <input name="password" type="password" required class="form-input" id="password" placeholder="6~16个字符,区分大小写">
    </p>
    <p>
      <label for="password2" class="form-lable">*确认密码</label>
      <input name="password2" type="password" required class="form-input" id="password2">
    </p>
    <p>
      <label for="phone" class="form-lable">手机号码</label>
      <input name="phone" type="text" class="form-input" id="phone">
    </p>
    <p>
      <input name="accept" type="checkbox" id="accept" checked>
      <label for="accept">同意"服务条款"和"隐私权相关政策"</label>
    </p>
    <p>
      <input type="submit" name="submit" class="btn" id="submit" value="注册">
    </p>
  </fieldset>
</form>
```

在 CSS 中,文字标签通过 display 转换为块级元素,并设置统一的宽度,文字右对齐。通过向左浮动,文字标签与对应的表单控件在同一行,文字标签位于左侧。通过右外边距设置文字标签与表单控件之间的留白空间,从而形成文字标签右对齐、表单控件左对齐的布局形式。

```css
.form-lable{
  width:150px;
  display:block;
  float:left;
  text-align:right;
  margin-right:10px;
}
.form-input{
  width:300px;
```

```
    padding:10px;
    border:1px solid #CCC;
}
```

如果文字标签通过 display 转换为行内块级元素，可以在不使用浮动的情况下实现同样的效果。

```
.form-lable{
    width:150px;
    display:inline-block;
    text-align:right;
    margin-right:10px;
}
```

通过 CSS 中的属性选择器"input[type="text"]"，可以选择 type 属性值为 text 的 input 元素，不再需要通过 class 属性应用类样式，是更加简便的实现方法。

```
<style>
    input[type="text"]{
        width:300px;
        padding:10px;
        border:1px solid #CCC;
    }
</style>
<body>
    …
    <input name="textfield" type="text" required id="textfield">
    <input name="phone" type="text" id="phone">
</body>
```

思考与练习

一、判断题

1. 登录类型的网页适合采用 get 方式提交表单中的数据。（　　）
2. 密码域控件采用 <password> 标签。（　　）
3. 同一组中的单选按钮，需要使用同样的 id 进行命名。（　　）
4. 文本区域控件采用 <input> 标签，通过 CSS 设置高度以输入多行文字。（　　）
5. 选择列表控件由 select 元素以及 option 元素构成。（　　）

二、单选题

1. 表单中涉及的标签不包括(　　)。
   A. <input>　　　B. <textarea>　　　C. <radio>　　　D. <select>
2. 复选框的 type 属性为(　　)。
   A. text　　　　B. radio　　　　　　C. checkbox　　　D. checked
3. 提交按钮使用的标签为(　　)。
   A. <submit>　　B. <input>　　　　　C. <reset>　　　　D. <commit>

4. 下列单选按钮,(　　)为选中的状态。
   A. < input type = "radio" checked >   B. < input type = "radio" on >
   C. < input type = "radio" check >   D. < input type = "radio" selected >
5. 下列选择列表的代码,(　　)为正确的。
   A. < select name = "select" id = "select" >
      < option value = "bj" > 北京 </option >
      < option value = "sh" > 上海 </option >
      < option value = "gz" > 广州 </option >
      </select >
   B. < select name = "select" id = "select" >
      < option value = "北京" > </option >
      < option value = "上海" > </option >
      < option value = "广州" > </option >
      </select >
   C. < select name = "select" id = "select" >
      < option value = "" > 北京 </option >
      < option value = "" > 上海 </option >
      < option value = "" > 广州 </option >
      </select >
   D. < select name = "select" id = "select" >
      < option value = "city" > 北京 </option >
      < option value = "city" > 上海 </option >
      < option value = "city" > 广州 </option >
      </select >

第 11 章
JavaScript

◎教学目标：

通过本章的学习，掌握 JavaScript 的基本语法和编程方法，能够通过 JavaScript 动态控制网页中的元素，实现与用户的交互。

◎教学重点和难点：

- JavaScript 的语法和语句
- JavaScript 中的内置对象
- BOM 模型和 DOM 模型

JavaScript 是网页中广泛使用的一种脚本语言。通过 JavaScript 提供的面向对象的机制，在浏览器对象模型 BOM 以及文档对象模型 DOM 的基础上，可以动态地操纵网页中的元素，实现各种交互功能。

11.1 JavaScript 概述

11.1.1 JavaScript 的历史与发展

JavaScript 是由网景公司的布兰登·艾克设计的 LiveScript 语言发展而来的编程语言，它后来被改名为 JavaScript。1997 年，网景公司把 JavaScript 提交给 ECMA 国际组织制定为标准，称为 ECMAScript。

JavaScript 原本只能运行在浏览器中，由浏览器中的 JavaScript 引擎负责执行，如 SpiderMonkey 引擎、V8 引擎。随着 Node.js 的出现，JavaScript 也可以被运行在非浏览器环境中，因此现在也可以被用作服务器端程序的开发语言。

11.1.2 JavaScript 的特点

JavaScript 是一种面向对象（object – oriented）和事件驱动（event – driven）的解释型脚本语言。

1. 解释型脚本语言

JavaScript 是一种脚本语言，可以用"记事本"等文本编辑器直接对其进行编辑。同时，JavaScript

又是一种解释型语言,其源代码在发往浏览器端执行之前不需要编译,而是将文本格式的字符代码发送给浏览器端,即 JavaScript 语句本身随 Web 页面一起下载,由浏览器解释执行。而使用 C、C++、Java 等语言编写的程序则必须经过编译,将源代码转换为二进制代码之后才可以执行。

2. 面向对象

JavaScript 中的所有事物都是对象,包括 JavaScript 中内置的字符串对象、日期对象、数学对象等,也包括 JavaScript 执行环境提供的各种宿主对象,如 window 对象、document 对象、location 对象等。同时,用户可以创建自定义对象。

3. 基于事件驱动

浏览器在加载显示网页以及与用户的交互过程中,通过事件机制来触发相应的处理程序。如当网页加载完成时、当用户提交表单时、当用户单击视频播放按钮时,都会在浏览器中产生相应的事件。人们可以通过编写事件响应代码对事件做出处理。浏览器窗口、鼠标、键盘、网页元素等在与用户交互过程中会触发不同种类的事件。

浏览器窗口触发的基本事件如表 11-1 所示。

表 11-1 窗口事件

事件	说明
load	网页资源加载完成
unload	网页资源正在被卸载
resize	浏览器窗口的大小发生了改变

用户使用键盘时触发的基本事件如表 11-2 所示。

表 11-2 键盘事件

事件	说明
keydown	按下任意按键
keyup	释放任意按键
keypress	任意字符键被按下(字母、数字、标点符号)

用户使用鼠标时触发的基本事件如表 11-3 所示。

表 11-3 鼠标事件

事件	说明
click	在元素上按下并释放任意鼠标按键
dblclick	在元素上双击鼠标按键
mousedown	在元素上按下任意鼠标按键
mouseup	在元素上释放任意鼠标按键
mousemove	鼠标指针在元素内移动时持续触发
mouseover	鼠标指针移动到元素内
mouseout	鼠标指针移出元素

网页元素获得/失去焦点时的基本事件如表 11-4 所示。

表 11-4 焦点事件

事件	说明
focus	网页元素获得焦点
blur	网页元素失去焦点

用户与表单交互时触发的基本事件如表 11-5 所示。

表 11-5 表单事件

事件	说明
submit	表单被提交
reset	表单被重置

用户与 audio、video 媒体元素交互时触发的基本事件如表 11-6 所示。

表 11-6 媒体事件

事件	说明
canplay	浏览器能够开始播放媒体元素
play	媒体元素开始播放
pause	媒体元素被暂停
waiting	由于缺乏数据导致媒体元素停止播放
ended	媒体元素播放完毕

11.1.3 在网页中使用 JavaScript

在网页中使用 JavaScript 有以下几种方式:

1. 使用 script 元素嵌入 JavaScript 程序

使用 script 元素将 JavaScript 程序包含在 HTML 文件中,使它成为 HTML 文件的一部分。

【实例 11-1】使用 script 元素嵌入 JavaScript(实例文件 ch11/01.html)。

在这一实例中,当用户单击"Hello"按钮时,h1 元素中将会显示"Hello,JavaScript!"。在设置 h1 元素的内容时,使用了 11.4.2 节中 DOM 模型中的 getElementById 方法来获得 h1 元素,使用 innerHTML 属性来改变 h1 元素的内容。

```html
<!DOCTYPE html>
<html>
<meta charset="utf-8">
<title>JavaScript 初步</title>
<body>
  <h1 id="heading"></h1>
  <button type="button" onclick="helloFunction()">Hello</button>
  <script>
  function hello Function() {
    document.getElementById("heading").innerHTML = "Hello,JavaScript!";
  }
  </script>
</body>
</html>
```

HTML 文档中的 JavaScript 脚本必须位于 < script > 与 </script > 标签之间,然后被放置在 HTML 的 head 或 body 部分中。

2. 链接外部 JavaScript 程序

如果同一段 JavaScript 程序要在多个网页中使用,则可以将 JavaScript 程序放在一个扩展名为 ".js"的文件中,在需要的网页中通过 script 元素来引用。其中,script 元素的 src 属性指定外部 JavaScript 程序文件的 URL。

【实例 11 – 2】链接外部 JavaScript 程序(实例文件 ch11/02.html)。

在这一实例中,在"js"文件夹下创建名称为"hello.js"的 JavaScript 程序文件。

```
//hello.js
function helloFunction() {
    document.getElementById("heading").innerHTML = "Hello,JavaScript!";
}
```

在 HTML 文件中,通过下面的方式进行引用:

```
<body>
  <h1 id="heading"></h1>
  <button type="button" onclick="helloFunction()">Hello</button>
  <script src="js/hello.js"></script>
</body>
```

从加载性能方面考虑,把链接外部 JavaScript 程序的 <script> 标签放在 HTML 文件底部,即 </body> 之前,可以使页面内容的加载不会受到外部 JavaScript 程序加载的影响,因此是最佳的放置位置。

在这两个案例中,通过行内事件处理器 onclick 给按钮增加了对单击事件的响应。虽然使用起来较为直观,但是缺点是把 HTML 与对 JavaScript 的调用混杂在了一起。利用 JavaScript 中的另一种事件触发机制——addEventListener() 函数,可以实现它们之间的分离,是目前事件处理的推荐实现方式。addEventListener 函数的语法如下:

```
element.addEventListener(event,function,useCapture)
```

其中,element 代表网页元素,event 是需要监听的事件名称,function 是事件触发时执行的函数,useCapture 是可选参数。

【实例 11 – 3】addEventListener() 函数(实例文件 ch11/03.html)。

在这一实例中,通过 addEventListener() 函数给按钮增加对单击事件的响应。在 button 按钮上不再需要使用"onclick"行内事件处理器,从而可以实现 HTML 与 JavaScript 的完全分离。

```
//helloVer2.js
function helloFunction() {
    document.getElementById("heading").innerHTML = "Hello,JavaScript!";
}
var btn = document.getElementById("btn");
btn.addEventListener('click',helloFunction);
```

HTML 文件中通过 script 元素引入这一程序文件,button 按钮被动态地添加了事件处理程序。

```
<body>
  <h1 id="heading"></h1>
```

```
<button type ="button"  id ="btn"  >Hello </button >
<script src ="js/helloVer2. js"  > </script >
</body >
```

11.2　JavaScript 语言基础

11.2.1　常量与变量

常量是在程序运行过程中值不变的量,变量是存储程序运行过程可能变化的数据的容器。在 JavaScript 中,变量用关键字 var 进行声明,其基本格式如下:

var x;

在声明变量时,也可以同时进行初始值的设置:

var x =10;

可以在一行中同时声明多个变量,中间用逗号","分隔:

var x =10,y =20;

变量的命名要注意以下几点:
①变量必须以字母、"$"或下画线"_"符号开头。
②变量名称对大小写敏感(x 和 X 是不同的变量)。
③不能使用 JavaScript 中的关键字作为变量。
④变量在所声明的范围内必须是唯一的。

在 JavaScript 中定义了 40 多个关键字,这些关键字是 JavaScript 内部使用的,不能作为变量的名称。例如,var、int、double、true 等不能作为变量的名称。表 11 - 7 列出了 JavaScript 中的保留关键字。

表 11 - 7　JavaScript 中的保留关键字

abstract	default	If	private	this
Boolean	do	implements	protected	throw
break	double	import	public	throws
byte	else	insteadof	return	transient
case	extends	int	short	try
catch	final	interface	static	void
char	finally	long	strictfp	volatile
class	float	native	super	while
const	for	new	switch	
continue	goto	package	synchronized	

11.2.2　基本数据类型

JavaScript 中的基本数据类型有数字、字符串、布尔、Null、Undefined。
①数字:包括整数和浮点数,如 10、12.98、6e8。其中 6e8 表示 $6*10^8$。

②字符串：用双引号或单引号括起来的任意文本。例如，下面两种表达方式都是正确的。

```
var moviename ="玩具总动员";
var moviename ='玩具总动员';
```

③布尔：只有两个值，true 和 false。

④Null：只有一个值 null，用于表示尚未存在的对象。如果函数或方法要返回的是对象，当找不到该对象时，返回的通常是 null。

⑤Undefined：只有一个值 undefined。当声明的变量未初始化时，该变量的默认值是 undefined。

11.2.3 运算符和表达式

运算符是完成操作的一系列符号，也称操作符。JavaScript 中的运算符如下：

1. 算术运算符

算术运算符用于执行变量之间或变量与值之间的算术运算，包括 +、-、*、/、%（求余）、递增运算符 ++、递减运算符 -- 等。

2. 赋值运算符

赋值运算符将运算符右边的表达式或变量的值赋给左边的变量。

3. 字符串运算符

字符串运算符"+"用于连接两个字符串。
例如：

```
var str,str1,str2;
str1 ="网页";
str2 ="设计与制作";
str = str1 + str2;
document.write(str);
```

上述语句的输出结果是："网页设计与制作"。

如果把数字与字符串相加，结果将成为字符串：

```
var x,y,z;
x =5;
y ="5";
z = x + y;
document.write(z);
```

上述语句的输出结果是"55"，即等同于把两个字符"5"连接起来。

4. 位运算符

位运算符用来对操作数进行二进制位运算，包括按位与运算（&）、按位或运算（|）、按位异或（^）、按位取反（~）、左移运算（<<）、有符号右移（>>）、无符号右移（>>>）等。

5. 比较运算符

比较运算符对操作数进行比较，结果为一个布尔值，包括等于（==）、严格相等（===）、不等于（!=）、大于（>）、小于（<）、大于等于（>=）、小于等于（<=）。

6. 逻辑运算符

逻辑运算符用于对操作数进行逻辑运算，结果为一个布尔值，包括逻辑与（&&）、逻辑或（||）、

逻辑非(!)等。

7. 条件运算符

条件运算符格式为"条件？结果 1:结果 2"。

如果条件为真,则表达式的值为"结果 1",否则为"结果 2"。

例如：

```
var x,y,z;
x =5,y =3,z =(x >y)? 1:0;
```

结果为 z =1。

表达式是由运算符和运算数组合而成并返回唯一结果值的式子。最基本的表达式是常量和变量。表达式可分为赋值表达式、算述表达式、关系表达式、逻辑表达式等,如表 11 – 8 所示。

表 11 – 8　表达式

表达式类型	示例
赋值表达式	x = 3
算术表述式	2+3 x ++ ++x
关系表达式	x == y x! = y x < y
逻辑表达式	x ==0 && y ==0

11.2.4　语句

JavaScript 程序是一系列可执行语句的集合。默认情况下,JavaScript 解释器依照语句的编写顺序依次执行。通过 JavaScript 中的控制结构语句,可以改变语句的默认执行顺序。每条 JavaScript 语句以";"结束。语句块是一组语句的集合,使用"{...}"的形式来包裹语句块中的语句。下面分别讲解几种不同类型的语句。

1. 声明语句

在进行变量声明时使用的"var x = 10"以及将在 11.2.7 中讲解的定义函数的 function 语句为声明语句。

2. 赋值语句

赋值语句对变量进行赋值,赋值表达式构成了赋值语句,最基本的形式是通过赋值运算符" ="将右侧的值赋给左侧的变量,也包括通过递增运算符、递减运算符构成的赋值语句。

3. 条件语句

条件语句通过判断条件表达式的值来决定程序的执行路径。条件表达式的值为布尔类型。根据不同的情况,条件语句可以采用不同的形式：

(1) if 语句

```
if (条件) {
    当条件为 true 时执行的代码
}
```

（2）if… else 语句

```
if（条件）{
    当条件为 true 时执行的代码
}
else{
    当条件不为 flase 时执行的代码
}
```

（3）if… else if… else 语句

```
if（条件1）{
    当条件1 为 true 时执行的代码
}else if（条件2）
{
    当条件2 为 true 时执行的代码
}else{
    当条件1 和条件2 都不为 flase 时执行的代码
}
```

除 if 语句以外，JavaScript 中还可以通过 switch 语句进行多分支的选择。

4. 循环语句

JavaScript 中有四种循环语句：for、while、do/while、for/in。

（1）for 语句

for 语句在循环开始之前初始化计数器变量的值，然后在每次循环执行之前进行条件判断，如果条件成立，则执行 for 循环体中的语句。循环体语句结束后，进行条件更新，改变计数器的值。然后重新进行条件判断，如果条件仍然成立，则继续执行循环体中的语句。如此反复，直到条件不成立时，循环结束。for 语句的语法是：

```
for(计数器变量初始化;条件;条件更新){
    循环语句块
}
```

例如，要计算从1 加到 100 的值，使用 for 语句进行计算的代码是：

```
var sum =0;
for(var i =1; i <=100; i ++)
{
    sum =sum +i;
}
```

（2）while 语句

while 语句会在条件为真时循环执行语句块，直到条件不再成立。在循环语句块中，需要对条件进行更新，否则循环永远不会结束。while 语句的语法是：

```
while(条件){
    循环语句块
}
```

使用 while 语句计算从1 加到 100 的代码是：

```
var sum =0,i =1;
while( i <=100 )
{
    sum = sum + i;
    i ++ ;
}
```

(3) do/while 语句

do/while 语句和 while 语句非常相似,但是它不是在每次循环开始时判断条件,而是在每次循环完成时进行条件判断。while 语句的语法是:

```
do {
    循环语句块
} while( 条件 );
```

使用 do/while 语句计算从 1 加到 100 的代码是:

```
var sum =0,i =1;
do {
    sum = sum + i;
    i ++ ;
} while( i <=100 )
```

不同循环语句的区别和适用场景分别是:在循环次数较为确定的情况下,适用 for 语句;如果循环次数不确定,只能够依靠对条件的判断来决定是否执行循环,适用 while 语句;do/while 语句并不常用,因为需要至少循环一次的情况并不多见;for/in 用于遍历数组或者对象的属性。

5. break 和 continue 语句

break 语句可以用来跳出循环体,终止循环的运行,然后继续执行循环之后的代码。continue 语句会终止本次循环,接着开始下一次循环。

11.2.5 函数

1. 函数基础知识

在实际开发过程中,我们将执行一定功能的语句块作为一个整体,定义为一个函数,然后在需要时进行调用。JavaScript 中定义函数的基本语法如下:

```
function 函数名( 参数 1,参数 2,…)
{
    函数体
}
```

函数名:调用函数时引用的名称,对大小写敏感。
参数:调用函数时接收传入数值的变量名。可以没有参数,但括号不能省略。
函数体:将要执行的语句放在一对花括号"{ }"中,这些语句构成函数体。

如果需要返回值,使用 return 语句,将需要返回的值放在 return 之后。如果 return 后没有指明数值或没有使用 return 语句,则函数返回值为不确定值。

函数体中的 JavaScript 代码在定义时并不会执行,需要调用函数后才能运行,调用格式如下:

函数名(传递给函数的参数1,传递给函数的参数2,…)

2. 变量的作用域

变量的作用域是变量在程序中的作用范围,分为局部变量和全局变量。

如果一个变量在函数体内声明,则该变量为局部变量,作用域为所在的函数体,在函数体外不可以引用这一变量。局部变量在函数执行完毕后被释放。

```
function foo() {
    var x = 1;
    x = x + 1;
}
x = x + 2;//引用错误！无法在函数体外引用变量 x
```

如果两个不同的函数各自声明了同一个变量名称,由于该变量只在各自的函数体内起作用,相互独立,因此互不影响。在下面的程序段中,两个函数内部都可以使用变量 x。

```
function foo() {
    var x = 1;
    x = x + 1;
}
function bar() {
    var x = 'A';
    x = x + 'B';
}
```

全局变量是在函数之外声明的变量,可以在当前网页 JavaScript 程序的任何地方使用。全局变量在网页关闭后被释放。在下面的程序段中,函数内部使用的是在函数之外声明的全局变量 x。

```
var x = 1;//全局变量
function foo() {
    x = x + 1;
}
```

11.2.6 对象

对象是一个包含相关数据和方法的集合,通常由一些变量和函数组成,其中的变量被称为属性,函数被称为方法。属性是对象所具有的特征,方法表示对象能做什么。

创建对象的方法如下:

```
var objectName = {
    member1Name:member1Value,
    member2Name:member2Value,
    member3Name:member3Value
    …
}
```

对象的每一个成员都拥有一个名字和一个值,名字和值之间用冒号":"分隔;成员之间用逗号","分隔。除了这种创建对象的方法以外,还可以通过构造函数和 new 运算符,以及 ECMAScript5 中定义的 Object.create()函数等方法创建对象。

在访问对象的属性和方法时,采用"点"表示法,即在对象后面加上一个句点".",然后是属性或方法的名称:

对象.属性
对象.方法

【实例11-4】对象的使用(实例文件ch11/04.html)。

在这一实例中,创建了名称为"movie"的对象。它包含name、director、productionTime、length等属性,以及getName方法。在getName方法中的"this"关键字,代表的是当前代码运行时的对象。

```
var movie = {
    name:"冰雪奇缘",
    director:"克里斯·巴克",
    productionTime:"2013",
    length:"102 分钟",
    getName:function(){
        alert(this.name);
    }
}
```

通过如下"对象.属性"的形式可以获得影片的名称:

movie.name

通过如下"对象.方法"的形式可以调用对象方法来获得影片名称:

movie.getName();

除了这种自定义对象以外,在JavaScript中,对象还包括以下两种主要类型(将在后面的小节中详细讲解):

(1) 内置对象

在JavaScript中,内置了字符串对象(String)、日期对象(Date)、数学对象(Math)、数组对象(Array)、正则表达式对象(RegExp)、JSON对象等多种内置对象。利用这些对象,可以对字符串、日期、数字等不同类型的数据进行各种处理。

(2) 宿主对象

宿主对象是由JavaScript解释器所在的宿主环境提供的对象。在浏览器这一环境中,浏览器会提供window等被称为浏览器对象模型(Browser Object Model)的一系列对象。

11.3 内置对象

11.3.1 字符串对象(String)

String对象用来处理文本。在JavaScript中,当定义一个字符串类型的变量时,它自动成为一个字符串对象。通过下面的语法也可以进行字符串对象的定义:

var moviename = new String("玩具总动员");

通过String对象的属性和方法,可以对字符串进行各种处理。例如下面的语句将获得moviename的字符串长度为5:

var len = moviename.length;

String 对象具有的部分方法如表 11-9 所示。

表 11-9 String 对象的方法

方法	说明
charAt()	返回在指定位置的字符
indexOf()	返回某个指定的字符串值在字符串中首次出现的位置
substr()	从起始索引号提取字符串中指定数目的字符
trim()	去除字符串两边的空白

字符串的索引从 0 开始,第一个字符索引值为 0,第二个字符索引值为 1,依次类推。例如,下面的语句将获得 moviename 第 2 个索引位置的字符"总":

varchar = moviename.charAt(2);

下面的语句将获得 moviename 从第 2 个索引位置开始的 3 个字符"总动员":

varstr = moviename.substr(2,3);

11.3.2 日期对象(Date)

Date 对象用于处理日期和时间。Date 对象可以通过以下几种方法创建:

var x = new Date();
var x = new Date(value);
var x = new Date(dateString);
var x = new Date(year,month[,day[,hour[,minutes[,seconds[,milliseconds]]]]]);

其中:

①如果没有任何参数,将会根据当前的系统时间创建一个 Date 对象。
②value 表示自 1970 年 1 月 1 日 00:00:00(世界标准时间)起经过的毫秒数。
③dateString 表示日期的字符串值,如"August 8,2008 20:00:00"。
④year 表示年份的整数值;month 表示月份的整数值,从 0(1 月)到 11(12 月);day 表示一个月中的第几天的整数值,从 1 开始;hour 表示一天中的小时数的整数值(24 小时制);minute 表示分钟数;seconds 表示秒数;millisecond 表示毫秒部分的整数值。

Date 对象的部分方法如表 11-10 所示。

表 11-10 Date 对象的方法

方法	说明
getDate()	返回 Date 对象月份中的天数(1~31)
getDay()	返回 Date 对象的星期(0~6)
getMonth()	返回 Date 对象的月份(0~11)
getFullYear()	返回 Date 对象的以 4 位数字表示的年份
getHours()	返回 Date 对象的小时数(0~23)
getMinutes()	返回 Date 对象的分钟数(0~59)
getSeconds()	返回 Date 对象的秒数(0~59)
getTime()	返回 1970 年 1 月 1 日至今的毫秒数

续表

方　　法	说　　明
setDate()	设置 Date 对象的月数中的天数(1～31)
setMonth()	设置 Date 对象中的月份(0～11)
setFullYear()	设置 Date 对象中的年份(4 位数字)
setHours()	设置 Date 对象中的小时(0～23)
setMinutes()	设置 Date 对象中的分钟数(0～59)
setSeconds()	设置 Date 对象中的秒数(0～59)
toString()	把 Date 对象转换为字符串

【实例 11-5】日期对象(实例文件 ch11/05.html)。

在这一实例中,通过 Date 对象获得计算机的当前时间并显示在网页中。

```
<script>
now = new Date();
document.write(
  now.getFullYear(),"年",
  now.getMonth()+1,"月",
  now.getDate(),"日",
  now.getHours(),":",
  now.getMinutes(),"分",
  now.getSeconds(),"秒"
);
</script>
```

11.3.3 数学对象(Math)

Math 对象用于执行数学任务。在 Math 对象中,既定义了一些常用的计算方法,也包含一些数学常量。Math 对象的部分方法如表 11-11 所示。

表 11-11 Math 对象的方法

方　　法	说　　明
abs(x)	返回 x 的绝对值
log(x)	返回 x 的自然对数(底为 e)
max(x,y)	返回 x 和 y 中的较大值
min(x,y)	返回 x 和 y 中的较小值
pow(x,y)	返回 x 的 y 次幂
random()	返回 0～1 之间的随机数
round(x)	把 x 四舍五入为最接近的整数

例如,下面的语句将会获得 2 的 24 次幂"16777216"。

```
var x = Math.pow(2,24);
```

11.3.4 数组对象(Array)

Array用于在一个变量中存储多个相互之间有关联的值。数组的长度可以随时改变。数组中的元素类型可以是数字、字符或其他对象,同一数组中的元素不必是同种数据类型,数组中的元素还可以是另一个数组。可以通过多种方式创建数组:

方法一:

> var 数组名 = ["数组元素","数组元素","数组元素"…];

在这种方法中,通过var关键字声明数组,赋给数组的值被包含在一对中括号里面,每个值用逗号","分隔开。例如:

> var movieArray = ["冰雪奇缘","怪兽大学","玩具总动员","赛车总动员"];

方法二:

> var 数组名 = new Array("数组元素","数组元素","数组元素"…);

在这种方法中,通过new关键字创建数组,后面跟着Array()函数。赋给数组的值作为Array()函数的参数,在一对圆括号里面,每个值用逗号","分隔开。例如:

> var movieArray = new Array("冰雪奇缘","怪兽大学","玩具总动员","赛车总动员");

数组元素的访问是通过数组索引实现的,数组索引值被包含在一对中括号里面。索引值从0开始,第一个元素的索引值为0,最后一个元素的索引值等于该数组的长度减1。例如,下面的语句将获得数组中索引值为2的元素,即第3个数组元素"玩具总动员":

> var movie = movieArray[2];

通过Array对象的属性length,可以设置或返回数组中元素的数目。例如,下面的语句将获得数组中元素的数目"4"。

> var length = movieArray.length;

数组对象的部分方法如表11-12所示。

表11-12 数组对象的方法

方法	说明
indexOf()	搜索数组中的元素,并返回它所在的位置
join()	把数组的所有元素放入一个字符串
pop()	删除数组的最后一个元素并返回删除的元素
push()	向数组的末尾添加一个或更多元素,并返回新的长度
shift()	删除并返回数组的第一个元素

例如,下面的语句将获得"赛车总动员"在数组中的索引位置"3"。

> var i = movieArray.indexOf("赛车总动员");

11.3.5 JSON 对象

JSON(JavaScript Object Notation)是一种按照JavaScript对象语法构造的数据格式,通常用于浏览器端与服务器端通过AJAX技术传递数据。相比另一种用于数据描述和传输的XML格式,JSON格式更小、更快,更容易解析。

【实例 11-6】JSON 对象(实例文件 ch11/06.html)。

在这一实例中,movieJSON 是一个对象,包含一个成员。成员的名字为"movielist",值为一个数组,数组中又包含多个对象。

```
var movieJSON = {movielist:[{
    name:"冰雪奇缘",
    director:"克里斯·巴克",
    productionTime:"2013 年",
    length:"102 分钟",
},{
    name:"怪兽大学",
    director:"Dan Scanlon",
    productionTime:"2013 年",
    length:"104 分钟",
}]}
```

例如,通过下面的语句,可以获得 movieJSON 对象中 movielist 数组中索引值为 0 的对象的 name 属性值"冰雪奇缘"。

```
movieJSON.movielist[0].name
```

11.4 宿 主 对 象

在浏览器环境中,提供了浏览器对象模型(Browser Object Model)与浏览器进行对话,从而操控浏览器的各个不同方面。

11.4.1 BOM

BOM 模型提供了访问浏览器各种功能的途径。BOM 模型将浏览器本身、网页文档以及网页文档中的 HTML 元素都用相应的对象来表示,各种对象有明确的从属关系,这些对象与对象之间的层次关系统称为 BOM。

在 BOM 模型中,window 对象为最高级别对象,其他对象都直接或间接地从属于 window 对象,如图 11-1 所示。

图 11-1 BOM 模型

window 对象表示浏览器窗口。window 对象的下级包括 document、location、history、navigator、screen 等对象,分别代表载入浏览器的网页文档、网页地址、浏览器的浏览历史、浏览器自身、浏览器所在设备的显示屏幕等方面。对任意一个对象的访问,都要加上它的所有上层对象。例如,B 对象的上级对象是 A,则 B 对象的访问形式为 A.B。因为 window 对象为最高级别对象,任何对象的使用最终都追溯到对 window 对象的访问,因此在使用各种对象时,window 前缀可以省略。document 对象将在 11.4.2 节详细讲解,下面分别讲解其他几种对象。

1. window 对象

window 对象定义了一组属性和方法,用于在 JavaScript 程序中对浏览器窗口进行控制,例如获取浏览器窗口尺寸、打开浏览器窗口、关闭浏览器窗口、设置定时器等。

window 对象的部分属性如表 11-13 所示。

表 11-13　window 对象的属性

属　　性	说　　明
innerWidth	浏览器窗口文档显示区域的宽度
innerHeight	浏览器窗口文档显示区域的高度
outerWidth	浏览器窗口的外部宽度,包含工具条与滚动条
outerHeight	浏览器窗口的外部高度,包含工具条与滚动条

window 对象的部分方法如表 11-14 所示。

表 11-14　window 对象的方法

方　　法	说　　明	参数和返回值
open(URL,name,features,replace)	打开一个新的浏览器窗口	URL:指定在新窗口中打开的网页 URL
close()	关闭当前窗口	
alert(message)	显示带有提示消息和一个确认按钮的警告框	message:提示文本信息
confirm(message)	显示带有提示消息及确认按钮和取消按钮的对话框	message:提示文本信息
prompt(message,defaultText)	显示可提示用户输入的对话框	message:提示文本信息
setTimeout(function,milliseconds)	在指定的毫秒数后调用函数或计算表达式	function:调用的函数 milliseconds:需要等待的时间
clearTimeout(id_of_setTimeout)	取消由 setTimeout() 方法设置的定时操作	id_of_setTimeout:调用 setTimeout() 函数获得的返回值
setInterval(function,milliseconds)	按照指定的周期(以毫秒计)来调用函数或计算表达式	function:调用的函数 milliseconds:需要等待的时间
clearInterval(id_of_setinterval)	取消由 setInterval() 函数设定的定时执行操作	id_of_setinterval:调用 setInterval() 函数获得的返回值

【实例 11-7】setInterval 定时器(实例文件 ch11/07.html)。

在这一实例中,通过 setInterval 方法每隔一秒调用一次 showTime() 函数,从而不断地刷新显示当前的时间。

```
<script>
function showTime() {
    var now = new Date();
    var mYear = now.getFullYear();
    var mMonth = now.getMonth() +1;
    var mDay = now.getDate();
    var mHour = now.getHours();
    var mMinute = now.getMinutes();
    var mSecond = now.getSeconds();
    var mDate = mMonth + "月" +mDay +"日" +mHour +":" + mMinute +":" + mSecond;
    var mShow = document.getElementById("show");
    mShow.innerHTML = mDate;
}
setInterval("showTime()",1000);          //每隔一秒调用一次 showTime()函数
</script>
```

2. location 对象

location 对象用于获得当前网页的 URL,或者把浏览器重定向到新的页面。

location 对象的部分属性如表 11-15 所示。其中,通过改变 location 对象 href 属性的值使浏览器访问新的网页,是使用 location 对象的常用方法。

表 11-15　location 对象的属性

属　　性	说　　明
hash	设置或返回从井号(#)开始的 URL(锚)
host	设置或返回主机名和当前 URL 的端口号
hostname	设置或返回当前 URL 的主机名
href	设置或返回完整的 URL
pathname	设置或返回当前 URL 的不包括域名的路径部分
port	设置或返回当前 URL 的端口号
protocol	设置或返回当前 URL 的协议
search	设置或返回从问号(?)开始的 URL(查询部分)

3. history 对象

history 对象记录浏览器的浏览历史,并提供一组方法访问曾经访问过的历史页面。history 对象的部分方法如表 11-16 所示。

表 11-16　history 对象的方法

方　　法	说　　明
back()	返回至浏览器历史列表中前一个页面 URL
forward()	返回至浏览器历史列表中下一个页面 URL

4. navigator 对象

navigator 对象包含有关用户浏览器的各种信息,如浏览器的名称、版本、运行浏览器的操作系

统等。navigator 对象的部分属性如表 11－17 所示。

表 11－17　navigator 对象的属性

方　　法	说　　明
appName	浏览器的名称
appVersion	浏览器的平台和版本信息
userAgent	浏览器发送服务器的用户代理的值

利用 navigator 对象以及 location 对象，可以引导用户访问适合用户所用终端的网页。例如，在某面向 PC 端的网页中如果通过 navigator.userAgent 的属性值发现包含"iPhone"这样的关键词，即用户在使用移动端浏览器访问此网页，则控制用户浏览器跳转到移动端网站。

```
<script>
  if(/(iPhone|iPod|iOS|Android)/i.test(navigator.userAgent)){
    location.href=移动端域名+location.pathname;
  }
</script>
```

5. screen 对象

screen 对象包含客户端设备显示屏幕的信息。例如，通过 screen 对象的 width 属性和 height 属性，可以获得用户所使用显示器的屏幕宽度和高度等统计数据，为网站网页的布局设计提供决策依据。

11.4.2　DOM

DOM（Document Object Model）文档对象模型，是适用于 HTML 和 XML 的应用程序接口。DOM 把整个页面规划成由结点层级构成的文档，DOM 可以看作一个结点的集合。

HTML DOM（HTML Document Object Model，HTML 文档对象模型）描述了处理网页内容的方法和接口。HTML DOM 接口对 DOM 接口进行了扩展，定义了 HTML 专用的属性和方法。HTML 文档中的所有结点组成了一个结点树，结点彼此都有层次关系。例如，下面的 HTML 代码，对应的 DOM 模型如图 11－2 所示。

```
<html>
  <head>
    <meta charset="utf-8">
    <title>DOM 模型</title>
  </head>
  <body>
    <h1>DOM 模型概述</h1>
    <a href="https://www.w3.org/DOM/">官方网站</a>
  </body>
</html>
```

在如图 11－2 所示的 DOM 模型中，文档（document）对象是树状结构的根结点，也是唯一的根结点。其他结点分为：元素结点、文本结点、属性结点。HTML 中的元素构成了元素结点，如 head、h1。文本结点是元素内部的文本，如"DOM 模型概述"这样的字符串。元素的属性构成属性结点，如 href。

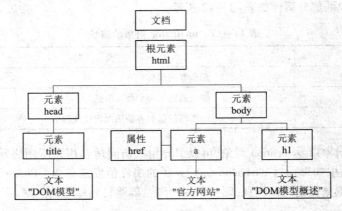

图 11-2 DOM 模型

1. 选择网页元素

在 DOM 模型中,提供了多种选择网页元素的方法,既可以选择网页中的某个唯一元素,也可以选择多个符合条件的元素。这些方法如表 11-18 所示。

表 11-18 DOM 中选择网页元素的方法

方法	选择元素数	说明
getElementById("id")	1	选择指定 ID 的元素
querySelector("CSS 选择器")	1	选择匹配指定 CSS 选择器的第一个元素
getElementsByClassName("CSS 类名")	1 个或多个	选择匹配 CSS 类名的所有元素
getElementsByTagName("标签名")	1 个或多个	选择匹配标签名的所有元素
querySelectorAll("CSS 选择器")	1 个或多个	选择匹配指定 CSS 选择器的所有元素

在本章开始的实例中,即是通过 getElementById 方法获得网页中 id 为 heading 的唯一一个元素。

对于返回多个元素的方法,返回的是一个数组对象。通过 nodes[0]、nodes[1] 的方式可以独立地访问其中的某一个元素。通过 for 循环可以访问返回的所有元素,例如,下面的语句将获得网页中所有的 img 元素并通过循环进行访问:

```
var nodes = document.getElementsByTagName("img");
    for( var i = 0; i < nodes.length; i++){
        对 nodes[i]进行处理;
}
```

2. 操作网页元素

在获得网页元素后,可以对网页元素进行各种处理,从而动态地改变网页。

(1) 获得/改变网页元素的内容

通过网页元素的 innerHTML 属性,可以获得或改变网页元素的内容。在本章开始的实例中,通过 innerHTML 属性改变了 h1 元素的内容。

(2) 获得/改变网页元素的属性

在 DOM 模型中,提供了 classname 和 id 等属性,可以用来获得/改变网页元素的类名称或者 id。例如,如下的语句将把网页元素的类名称转换为 current,从而动态地进行样式的改变:

node.classname="current";

DOM 模型也提供了不同的方法来操作网页元素的属性,如表 11-19 所示。

表 11-19 操作网页元素属性的方法

方法	说明
getAttribute("属性名")	返回元素的属性值
hasAttributs("属性名")	如果元素中存在指定的属性返回 true,否则返回 false
setAttribute("属性","属性值")	设置或者改变属性为指定值
removeAttribute("属性名")	从元素中删除指定的属性

(3)获得/改变网页元素的样式

通过 DOM 模型中的 style 对象,可以动态设置网页元素的样式,例如:

```
node.style.color="blue";                /*设置网页元素的颜色*/
node.style.backgroundColor="blue";      /*设置网页元素的背景颜色*/
node.style.fontFamily="微软雅黑";        /*设置网页元素的字体*/
node.style.fontSize="32px";             /*设置网页元素的字号*/
```

在 JavaScript 程序中通过 style 对象设置样式时,与 CSS 中的属性名称会有一些差异。如 CSS 中的"font-size",DOM 模型中对应的 style 对象属性为"fontSize";CSS 中的"font-family",DOM 模型中对应的 style 对象属性为"fontFamily"。在使用时,需要注意它们之间的区别。

(4)创建/删除元素

在 DOM 中,提供了不同的方法来动态地创建、删除 DOM 树结点,如表 11-20 所示。

表 11-20 创建/删除 DOM 树结点的方法

方法	说明
createElement("标签名")	创建指定标签的元素结点
appendChild("结点")	把新的子结点添加到指定结点
removeChild("结点")	删除子结点
insertBefore("结点 x","结点 y")	在结点 y 前面插入结点 x

【实例 11-8】动态创建元素(实例文件 ch11/08.html)。

在这一实例中,通过 createElement、appendChild 方法的应用,动态地在表单中创建新的表单控件,如图 11-3 所示。

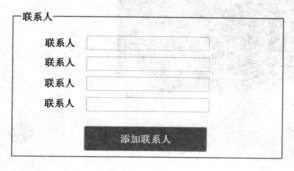

图 11-3 动态创建表单控件

在这一实例的初始网页结构中,用于输入联系人的 input 表单控件只有一个,位于 li 元素中。通过 JavaScript 语句,动态地创建包含 input 表单控件的 li 元素,并增加到 ul 元素中,网页结构的变化如图 11-4 所示。

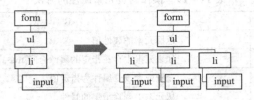

图 11-4 网页结构的变化

```
<script>
var contactStr = "联系人 <input type = \"text\">";
var btn = document.getElementById("btn");
btn.addEventListener('click', addContact);
function addContact() {
    var contact = document.createElement("li");      //创建 li 元素
    contact.innerHTML = contactStr;                  //设置 li 元素内容
    var contactList = document.getElementById("contactList");
    contactList.appendChild(contact);                //把 li 元素添加到 ul 元素中
}
</script>
```

11.5 案　　例

11.5.1 音频控制

【实例 11-9】音频控制(实例文件 ch11/09.html)。

在这一实例中,通过 JavaScript 控制音频的播放和暂停,最终效果如图 11-5(a)所示。

图 11-5 音频控制效果图

在这一实例中使用了 CSS Sprites 方法，在 1 个 128×256 像素的图标中包含了 128×128 像素的播放按钮以及 128 像素×128 像素的暂停按钮，网页中通过 CSS 背景位置的设置控制哪一个按钮被显示出来。播放按钮以及右上角的音符采用绝对定位的方式放置于图像所在的容器中。在实例中包含一个隐藏的 audio 元素，关联了音频文件。

页面的内容和结构如下所示：

```html
<div id="container">
    <img src="images/poster.jpg" width="500" height="567" />
    <span id="control_icon"></span>
    <img src="images/music_note.png" width="44" height="44" id="musicnote" />
    <audio id="music">
      <source src="audio/piano.mp3" type="audio/mp3">
    </audio>
</div>
```

通过如下的 CSS 进行按钮以及音符的绝对定位布局：

```css
#control_icon{
    width:128px;            /*按钮的宽度*/
    height:128px;           /*按钮的高度*/
    position:absolute;      /*绝对定位*/
    left:50%;
    top:50%;
    background-image:url(images/control-icon.png);
    margin:-64px 0 0 -64px;         /*偏移到中心位置*/
    cursor:pointer;                 /*鼠标在按钮上时显示为手形光标*/
}
#musicnote{
    position:absolute;
    right:0;
    top:0;
}
```

音符的旋转通过 CSS3 中的 Animation 完成，需要在样式中进行动画的定义，以及相应的类的定义：

```css
@keyframes rotating {
    from {
      transform:rotate(0deg)
    }
    to {
      transform:rotate(360deg)
    }
}
.rotating {
    animation:1.2s linear infinite rotating;
}
```

当单击"播放"或者"暂停"按钮时,在 JavaScript 程序中需要完成如图 11-6 所示的逻辑判断。

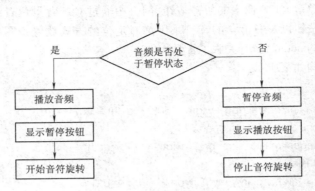

图 11-6 音乐控制的逻辑

其中:
① 通过 document 对象的 getElementById 方法获得各个需要控制的元素。
② 通过 addEventListener 函数监听按钮的单击事件。
③ 通过音频元素的 paused 属性判断音频当前的播放/暂停状态。
④ 通过"按钮元素.style.backgroundPosition"动态控制按钮背景图像的位置,来显示"播放"按钮或者"暂停"按钮。
⑤ 通过"音符元素.className"动态控制音符的类样式,来旋转音符或者停止旋转音符。

```
<script>
function play_pause(){
  if(music.paused){
    music.play();
    control_icon.style.backgroundPosition="0 -128px";
    mMusicnote.className="rotating";
  }else{
    music.pause();
    control_icon.style.backgroundPosition="0 0";
    mMusicnote.className="";
  }
}
var control_icon=document.getElementById("control_icon");
var music=document.getElementById("music");
var mMusicnote=document.getElementById("musicnote");
control_icon.addEventListener('click',play_pause);
</script>
```

11.5.2 腾讯地图

【实例 11-10】腾讯地图(实例文件 ch11/10.html)。

在这一实例中,通过腾讯提供的"Javascript 地图 API",可以在网页中通过 Javascript 创建地图类型的应用,如图 11-7 所示。

图 11-7 腾讯地图

假设希望以国家体育场为中心创建地图,首先通过 http://lbs.qq.com/tool/getpoint/index.html 查询获得国家体育场的纬度和经度:39.993164,116.396010,然后利用这一数据在网页中创建地图。

为了在网页中显示地图,在 HTML 中需要创建一个容纳地图的元素:

```
<div id="map"></div>
```

通过 CSS 控制这一容器的大小:

```
#map{
    width:800px;
    height:400px;
    margin:0 auto;
}
```

在 JavaScript 中,需要通过以下步骤创建地图:

1. 引入腾讯地图 API

```
<script charset="utf-8" src="https://map.qq.com/api/js?v=2.exp"></script>
```

2. 初始化地图

```
function init() {
    var map=new qq.maps.Map(document.getElementById("map"),{
        //地图的中心地理坐标
        center:new qq.maps.LatLng(39.993164,116.396010),
        zoom:15
    });
}
```

其中,通过 JavaScript 中的 new 操作符创建 qq.maps.Map 的实例对象,地图容器、经纬度坐标、缩放级别作为创建函数的参数。

3. 加载地图

在 body 元素的 load 事件中调用 init() 函数,完成地图加载。

```
<body onLoad="init()">
```

如果希望在地图中创建一个默认为气泡形状的标注,可以创建 qq.maps.Marker 的实例对象,地图对象、经纬度坐标作为创建函数的参数。如果希望在显示气泡时有一些动画效果,把对动画效果的指定也作为创建函数的参数。

```
var marker=new qq.maps.Marker({
        position:new qq.maps.LatLng(39.993164,116.396010),
        animation:qq.maps.MarkerAnimation.DROP,
        map:map
});
```

提示:
标注元素除了可以使用内置的气泡形状以外,还可以使用自定义的图标。另外,在地图中还可以通过 qq.maps.Polyline 创建折线、通过 qq.maps.Polygon 创建多边形、通过 qq.maps.Circle 创建圆形等其他种类的覆盖物。

如果希望在地图上显示实时的交通流量信息,可以创建 qq.maps.TrafficLayer 的实例对象,地图对象作为创建函数的参数。显示实时交通流量信息的地图如图 11-8 所示。

```
var layer=new qq.maps.TrafficLayer();
layer.setMap(map);
```

图 11-8　显示实时交通流量信息的地图

思考与练习

一、判断题

1. JavaScript 是一种解释型的面向对象的脚本语言。　　　　　　　　　　　　　(　　)
2. JavaScript 语言中,var 用于变量的声明。　　　　　　　　　　　　　　　　(　　)
3. JavaScript 中的变量对大小写敏感。　　　　　　　　　　　　　　　　　　　(　　)
4. 可以通过调用 JavaScript 中的内置日期对象 Date 的 getDate()、getMonth()方法,获得日期对象中的日期、月份。　　　　　　　　　　　　　　　　　　　　　　　　　(　　)
5. 通过"对象:方法"的形式来调用对象的方法。　　　　　　　　　　　　　　　(　　)

二、单选题

1. (　　)元素用来在 HTML 中嵌入 JavaScript。
   A. script　　　　B. style　　　　C. object　　　　D. link
2. JavaScript 中的基本数据类型不包括(　　)。
   A. 数字　　　　B. 字符串　　　　C. 数组　　　　D. 布尔
3. 下列对象中不属于 BOM 模型的是(　　)。
   A. location 对象　　B. window 对象　　C. String 对象　　D. navigator 对象
4. DOM 模型包含的结点种类不包括(　　)。
   A. 元素结点　　B. 文本结点　　C. 样式结点　　D. 属性结点
5. 下列 DOM 方法中,只能获得唯一一个网页元素的方法是(　　)。
   A. getElementById
   B. getElementsByClassName
   C. getElementsByTagName
   D. querySelectorAll

第 12 章
jQuery

◎ **教学目标：**

通过本章的学习，了解 jQuery 的基本功能，熟悉 jQuery 中的选择器和事件，掌握在网页中使用 jQuery 以及 jQuery 插件的基本方法。

◎ **教学重点和难点：**

- jQuery 中的选择器和事件
- 使用 jQuery 操作网页元素
- jQuery 插件的使用方法

jQuery 是一个被广泛使用的 JavaScript 库。jQuery 屏蔽了浏览器的差异，封装了大量常用的 DOM 操作，采用与 CSS 选择器相同的语法来选择网页元素，降低了学习的难度。通过使用 jQuery，可以极大地简化 JavaScript 编程。

12.1 jQuery 基 础

12.1.1 JavaScript 库和框架

JavaScript 的出现使得网站和访问者之间实现了实时的、动态的交互关系，但由于不同的浏览器对 JavaScript 的支持和实现程度不同，导致为了使网页中的 JavaScript 代码兼容所有的浏览器，开发人员要做大量的工作。为了简化 JavaScript 的开发，技术人员研发了许多 JavaScript 库和框架以便后续使用。其中比较有代表性的包括 jQuery、Zepto、AngularJS、Vue.js 等。

①jQuery：jQuery 在 2006 年 1 月由 JohnResig 在纽约发布。如今，jQuery 已经成为最流行的 JavaScript 库之一。jQuery 是一个兼容多浏览器的 JavaScript 库，其核心理念是"write less, do more"（写得更少，做得更多），代码非常简洁。

②Zepto：Zepto 是主要应用在移动端的 jQuery 的轻量级替代品。大多数在 jQuery 中常用的 API 和方法，在 Zepto 中都会提供。同时，Zepto 中还有一些针对移动端的特有的功能。

③AngularJS：AngularJS 是一套利用 JavaScript 实现的前端 MVC（模型 Model-视图 View-控制器 Controller）框架。它的核心特性包括 MVVM（Model-View-View-Model）、模块化、自动化双向数据

绑定、语义化标签、依赖注入等。

④Vue.js：Vue 是一套用于构建用户界面的渐进式框架。Vue 的目标是通过尽可能简单的 API 实现响应的数据绑定和组合的视图组件。在 Vue 中，采用了虚拟 DOM 的机制，用 JavaScript 来模拟 DOM 结构，把 DOM 的变化操作放在 JavaScript 层来做，从而提高了 DOM 操作的效率。

12.1.2 jQuery 的功能

jQuery 提供的主要功能包括：

1. 取得网页中的元素

通过文档对象模型 DOM 查找 HTML 网页中某个特殊的部分，必须编写很多代码。jQuery 为准确地获取并操纵网页元素，提供了可靠而富有效率的选择器机制。

2. 改变页面的内容和样式

使用少量的代码，jQuery 就能改变页面的内容，可以改变文本、对列表重新排序等，也能够动态改变页面的样式。

3. 响应用户的交互操作

jQuery 提供了捕获各种页面事件的适当方式，可以避免与 HTML 的混杂，事件处理 API 也消除了不同浏览器的不一致性。

4. 为页面添加动态效果

为了实现某种交互式行为，设计者必须向用户提供视觉上的反馈。jQuery 中内置的一批淡入、淡出之类的效果为此提供了便利。

5. 无须刷新页面从服务器获取信息

在许多网站中使用的 AJAX（Asynchronous JavaScript and XML，异步的 JavaScript 和 XML 技术）能够创建出反应灵敏、功能丰富的网站。jQuery 通过消除这一过程中浏览器特定的复杂性，使开发人员可以专注于功能设计。

6. 简化常见的 JavaScript 任务

jQuery 提供了许多附加的功能，对 JavaScript 常用的操作进行简化，如数组的操作、迭代运算等。

12.1.3 搭建 jQuery 运行环境

为了在网站中使用 jQuery 提供的功能，需要下载 jQuery 的代码库文件并把它引用在网页中。jQuery 的官方网站 jquery.com 提供了 jQuery 的下载，如图 12-1 所示。

jQuery 从诞生至今，已经升级了许多版本。对于每个版本，jquery 都提供以下两种文件：

①产品版：经过工具压缩，文件体积较小，如 jquery-3.3.1.min.js 大小为 85 KB。

②开发版：没有经过工具压缩，其中包括换行和缩进，便于阅读，适合学习和开发过程，文件体积较大，如 jquery-3.3.1.js 大小为 266 KB。

jQuery 不需要安装，可以采用以下两种方式在网页中引入 jQuery。

方法 1：把下载的 jQuery 库文件放到网站中的一个公共位置，如 js 文件夹下，在需要使用 jQuery 的网页中引入该库文件。代码如下：

```
<script src="js/jquery-3.3.1.min.js"></script>
```

方法 2：通过 jQuery 提供的内容分发网络 CDN 来使用，例如，在网页中以如下方式引入 jQuery：

图 12-1 jQuery 网站

```
<script src =" http://code.jquery.com/jquery -3.3.1.min.min.js"></script>
```

将使网站的访问者从 jQuery 提供的内容分发网络来获取 jQuery 库。大多数内容分发网络都可以确保当用户向其请求文件时,从离用户最近的服务器中返回响应,这样可以提高加载速度。

【实例12-1】jQuery 的基本使用(实例文件 ch12/01.html)。

这一实例是一个简单的 jQuery 程序,浏览器将弹出对话框显示"Hello jQuery!"。

```
<!doctype html>
<html>
<head>
<meta charset ="utf -8">
<title>Hello World</title>
</head>
<body>
  <script src ="js/jquery -3.3.1.js"></script>
  <script type ="text/javascript">
    $(document).ready(function() {
    alert("Hello jQuery!");
    });
  </script>
</body>
</html>
```

其中:

①$() 是 jQuery() 函数的简写形式,在 jQuery 进行编程时,一般使用这种简写形式。

②$(document) 和 jQuery(document) 是等价的,起到选择器的作用,表示创建一个代表当前文档的 jQuery 对象。

③$(document).ready() 方法用来替代 JavaScript 中的 window.onload(),检测页面 DOM 文档树是否已经构建完成。

12.1.4 jQuery 的选择器

为了给网页中的元素增加交互行为,首先要通过选择器选中元素。在 JavaScript 提供的方法中,主要是通过 getElementById()、getElementByTagName() 等来选中网页中的元素。jQuery 中的选择器继承了 CSS 选择器的风格,可以非常便捷和快速地选中特定的网页元素。jQuery 提供的选择器种类很多,如基本选择器、层次选择器、过滤选择器、表单选择器等。下面介绍其中常用的几种:

(1) #id 选择器

根据给定的 ID 匹配一个元素。例如,$("#top") 将选取 id 为 top 的网页元素。

(2) .class 选择器

根据给定的类样式名匹配元素。例如,$(".pic") 将选取所有类样式为 pic 的网页元素。

(3) element 选择器

根据给定的标签名匹配所有使用这一标签的元素。例如,$("p") 将选取所有的 p 元素。

(4) selector1, selector2, …, selectorN 选择器

将每个选择器匹配到的元素合并后一起返回。例如,$("div, ul, p") 将选取 div、span 和 p 元素。

(5) ancestor descendant 选择器

在给定的祖先元素下匹配所有的后代元素。例如,$("div p") 将选择 div 中的所有 p 元素。

(6) parent > child 选择器

在给定的父元素下匹配所有的子元素。例如,$("div > p") 将选择 div 中的 p 元素,并且 p 元素必须是 div 元素的直接子元素。

12.1.5 jQuery 中的事件

jQuery 增加并扩展了 JavaScript 中基本的事件处理机制,提供了更加简洁的事件处理语法,并且极大地增强了事件处理能力。

在实例 12-1 中使用的 $(document).ready() 方法具有 window.onload() 方法所不具备的一些优点。window.onload() 方法只有在网页中所有的元素及关联资源完全加载完毕后才执行,即此时 JavaScript 才可以访问网页中的所有元素,而 jQuery 中的 $(document).ready() 方法注册的事件处理程序,在网页的文档对象模型 DOM 被构建完成时就可以被调用,不需要等待网页元素关联资源被完全下载。另外,window.onload() 只能注册唯一的一个事件处理程序,而 $(document).ready() 可以注册多个事件处理程序,这些程序会根据注册的顺序依次执行。

jQuery 中使用独立的 click()、dblclick()、keypress() 等来处理事件,或者使用 on() 方法处理事件。例如,如下的两种表达方式都是给 id 为 btn 的按钮添加对单击事件的响应。

方式一:

```
$("#btn").click(function(){
    alert("Hello jQuery!");
})
```

方式二:

```
$("#btn").on('click',function(){
    alert("Hello jQuery!");
})
```

12.2 使用 jQuery 操作网页元素

使用 jQuery 可以操作网页元素的各方面，如网页元素的属性、内容、CSS 样式等，还可以动态地在网页中插入、删除网页元素等。下面主要讲解如何获取和设置网页元素属性及网页元素的 CSS 样式。

12.2.1 获取和设置网页元素属性

在 jQuery 中，使用 attr() 方法来获取和设置元素属性，使用 removeAttr() 方法来删除元素属性。下面主要讲解 attr() 方法。

1. 获取网页元素属性

如果需要获取网页元素的属性，使用如下的形式：

```
$("selector").attr("attributeName")
```

将获得 selector 选取的网页元素的属性 attributeName 的值。

例如，$("#top").attr("title") 将获得 id 为 top 的元素的 title 属性。

2. 设置网页元素属性

如果需要设置网页元素的属性，使用如下的形式：

```
$("selector").attr("attributeName","attributeValue")
```

将把 selector 选取的网页元素的属性 attributeName 的值设置为 attributeValue。

如果需要一次性地为同一个元素设置多个属性，可以使用如下的形式：

```
$("selector").attr("attributeName1":"attributeValue1","attributeName2":"attributeValue2")
```

【实例12-2】设置网页元素属性(实例文件 ch12/02.html)。

在这一实例中，使用 jQuery 给网页中的缩略图添加交互效果。当用户单击某一缩略图时，将设置用于显示完整图像的元素的 src 属性为缩略图对应的完整图像的地址，从而在浏览器中显示出来。

首先，在网页中，对完整图像和缩略图图像元素分别通过 id 进行命名：

```
<img src="images/normal/01.jpg" id="normalpic" />
<img src="images/thumb/01.jpg" width="100" height="74" id="t01" />
<img src="images/thumb/02.jpg" width="100" height="74" id="t02" />
```

然后，在网页中添加对 jQuery 库的引用后，为每个缩略图图像元素增加 click 事件对应的函数：

```
$(document).ready(function(){
$("#t01").click(function(){
    $("#normalpic").attr("src","images/normal/01.jpg");
});
$("#t02").click(function(){
```

```
         $("#normalpic").attr("src","images/normal/02.jpg");
    });
});
```

完成后的效果如图 12-2 所示，单击缩略图将显示完整图像。

图 12-2　设置网页元素属性

12.2.2　获取和设置网页元素的 CSS 样式属性

在 jQuery 中，使用 css() 方法来获取和设置元素的 CSS 样式属性。

1. 获取网页元素 CSS 样式属性

如果需要获取网页元素的 CSS 样式属性，使用如下的形式：

　　$("selector").css("cssName")

将获得 selector 选取的网页元素的 CSS 属性 cssName 的值。

例如，$("#top").css("color") 将获得 id 为 top 的元素的 CSS 属性 color 的值。

2. 设置网页元素 CSS 样式属性

如果需要设置网页元素的 CSS 样式属性，使用如下的形式：

　　$("selector").css("cssName","cssValue")

将把 selector 选取的网页元素的 CSS 样式属性 cssName 的值设置为 cssValue。

如果需要一次性地为同一个元素设置多个 CSS 样式属性，可以使用如下的形式：

　　$("selector").css("cssName1":"cssValue1","cssName2":"cssValue2")

【实例12-3】设置网页元素 CSS 样式属性（实例文件 ch12/03.html）。

在这一实例中，当单击背景颜色的图像元素时，将通过 jQuery 动态地改变网页内容区域的背景颜色。

首先，在网页中，对网页内容区域和图像元素通过 id 进行命名：

```
<div id="content" >
...
</div >
<img src ="images/skin01. jpg" width ="104" height ="104" id ="skin01" / >
<img src ="images/skin02. jpg" width ="104" height ="104" id ="skin02" / >
```

然后,在网页中添加对 jQuery 库的引用,并为图像元素增加 click 事件对应的响应函数:

```
<scriptsrc ="js/jquery -3. 3. 1. js" > </script >
$ (document). ready(function() {
  $ ("#skin01") . click(function() {
    $ ("#content") . css("backgroundColor" ,"#FFFFCC") ;
  });
  $ ("#skin02") . click(function() {
    $ ("#content") . css("backgroundColor" ,"#FFCC99") ;
  });
});
```

完成后的效果如图 12－3 所示,当单击代表背景色的图像时,网页内容区域将变换为相应的背景颜色。

图 12－3　设置网页元素 CSS 样式属性

12.3　jQuery 动画

12.3.1　基础动画函数

show() 函数和 hide() 函数是 jQuery 中最基本的动画函数。

1. show() 函数

show() 函数可以显示原来处于隐藏状态的网页元素。如果不指定函数的参数,网页元素将以无动画方式显示出来。如果通过 show(speed,[callback]) 方式来调用,网页元素将按照参数中指定的速度以动画方式显示出来,在显示完成后,还可以执行 callback 所定义的函数。其中,speed 的取值可以是 slow、normal、fast，或者是用毫秒表示的动画时长，如 2 000，表示 2 000 毫秒。

2. hide() 函数

hide() 函数可以隐藏原来处于显示状态的网页元素。如果不指定函数的参数，网页元素将以无动画方式隐藏。如果通过 hide(speed,[callback]) 方式来调用，网页元素将按照参数中指定的速度以动画方式隐藏起来，在隐藏完成后，还可以执行 callback 所定义的函数。其中，speed 的取值可以是 slow、normal、fast，或者是用毫秒表示的动画时长，与 show() 函数相同。

【实例12-4】对话框的显示和隐藏（实例文件 ch12/04.html）。

在这一实例中，当单击"登录"按钮时，弹出遮罩层覆盖整个浏览器窗口，登录对话框逐渐从中心扩展显示出来；当单击登录对话框中的"关闭"按钮时，关闭遮罩层，登录对话框将向中心逐渐收缩隐藏，如图 12-4 所示。

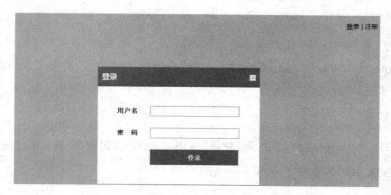

图 12-4 "登录"对话框的显示和隐藏

其中，遮罩层是一个内容为空但是具有半透明背景颜色的全屏 div，通过 CSS 中的固定定位把它固定在浏览器窗口中：

```
<style>
#mask{
    position:fixed;
    top:0px;
    left:0px;
    width:100%;
    height:100%;
    background-color:rgba(100,100,100,0.4);
    display:none;
}
</style>
<body>
    <div id="mask"></div>
</body>
```

"登录"对话框是一个由外围容器、标题、表单构成的 div，通过 CSS 样式使它具有对话框的外观。它的结构如下所示，其中超链接元素形成的"关闭"按钮，通过把 href 属性设置为"" javascript: void(0)"，使得单击超链接时不会产生默认的跳转动作，而是执行 JavaScript 中的关闭对话框的功能：

```html
<div id ="loginbox" >
  <div id ="logintitle" >
    <h3 >登录 </h3 >
    <a href ="javascript:void(0)" id ="closeBtn" ></a > </div >
  <div id ="logincontent" >
    <form action ="" method ="get" >
      <ul >
        <li > <span class ="label_txt" >用户名 </span >
          <input name ="username" type ="text" class ="input_style" />
        </li >
        <li > <span class ="label_txt" >密　码 </span >
          <input name ="passwd" type ="password" class ="input_style" />
        </li >
      </ul >
      <input type ="submit" value ="登录" class ="btn" />
    </form >
  </div >
</div >
```

在网页中添加对 jQuery 库的引用,为"登录"按钮、"关闭"按钮增加 click 事件响应函数:

```html
<script src ="js/jquery-3.3.1.js" ></script >
<script >
$(document).ready(function(){
    $("#loginBtn").click(function(){
        $("#mask").show();
        $("#loginbox").show("fast");
    });
    $("#closeBtn").click(function(){
        $("#mask").hide();
        $("#loginbox").hide(fast);
    });
});
</script >
```

其中,"登录"按钮执行的动作是:显示遮罩层,显示对话框;"关闭"按钮执行的动作是:隐藏遮罩层,隐藏对话框。

12.3.2　淡入淡出动画函数

1. fadeIn() 函数

fadeIn() 函数用于通过改变元素的不透明度来淡入已隐藏的元素。格式为:fadeIn(speed, [callback]),其中 speed 与 callback 参数的含义与 show() 函数相同。

2. fadeOut() 函数

fadeOut() 函数用于通过改变元素的不透明度来淡出处于显示状态的元素。格式为:fadeOut

(speed,[callback]),其中 speed 与 callback 参数的含义与 show()函数相同。当 fadeOut()函数结束后,会使它作用的网页元素处于隐藏状态。

3. fadeTo()函数

fadeTo()函数用于以渐进方式改变网页元素的不透明度。格式为:fadeTo(speed,opacity,[callback]),其中 speed 与 callback 参数的含义与 show()函数相同,opacity 是 0~1 之间的表示不透明度的数字。

在实例 12-4 中,通过把 show()函数改为 fadeIn()函数,hide()函数改为 fadeOut()函数,可以实现对话框的淡入淡出效果。

12.3.3 动画函数

animate()函数用于实现自定义动画,可以实现同时对网页的多个属性进行控制。它的格式如下:

animate(params,speed,calllback);

其中:

①params:一个包含样式属性以及对应值的序列,如 { property1:"value1",property2:"value2",property3:"value3"… } 。

②speed:速度参数。

③callback:在动画完成时执行的回调函数。

【实例 12-5】动画函数(实例文件 ch12/05.html)。

在这一实例中,单击网页右下角的"回到顶部"图标时,通过 animate()函数实现平滑滚动到网页顶部的效果,如图 12-5 所示。

图 12-5 通过动画函数实现平滑滚动

在页面布局中,在页面顶部插入锚点,以及指向这一锚点的包含回到顶部图标的超链接:

```
<a id="top"></a>
<a id="fixednav" href="#top" class="smooth">
    <img src="images/gotop.png" width="18" height="10" />
</a>
```

通过固定定位方式把超链接固定到浏览器的右下方:

```css
#fixednav{
    position:fixed;
    padding:10px;
    right:0;
    bottom:10%;
    background-color:#999;
}
```

在 JavaScript 中,通过$(".smooth").click()的形式对超链接的单击事件进行响应。在响应函数中,获得超链接的 href 属性指向的锚点,进一步获得这一锚点在整个页面中的位置,然后通过在 html 对象上调用 animate() 函数,通过控制 html 对象的 scrollTop 属性,使浏览器在 1 000 ms 内滚动到锚点位置。

```html
<script src="js/jquery-3.3.1.js"></script>
<script>
  $(document).ready(function(){
    $(".smooth").click(function(){
      varhref = $(this).attr("href");
      var pos = $(href).offset().top;
      $("html").animate({scrollTop:pos},1000);
      return false;
    })
  });
</script>
```

12.4　jQuery 插 件

虽然 jQuery 库中包含了大量的功能,可以满足绝大部分的应用需求,但是随着各种应用的层出不穷,需要一种能够对 jQuery 库进行扩展的机制。插件(plugin)也称为扩展(extension),是用一种遵循一定规范的应用程序接口编写出来的程序。在 jQuery 库的基础上,全球范围的开发者编写了大量的 jQuery 插件,包含了网站前端开发需要的大部分功能,从而可以帮助开发者快速地开发出稳定的网站应用系统。

在 jQuery 官方网站的插件栏目 plugins.jquery.com 中,提供了按照不同功能进行分类的 jQuery 插件列表,可以通过左侧的目录进行浏览式查找,也可以在搜索框中进行搜索。jQuery 插件也是通过 JavaScript 代码文件来实现的,有些插件还带有 CSS 样式表。使用 jQuery 插件可以遵循如图 12-6 所示的步骤。

图 12-6　使用 jQuery 插件的步骤

下面讲解一些常用 jQuery 插件的使用方法。

12.4.1 图像幻灯片插件

在许多网站的网页中,都使用了图像幻灯片的效果,它可以在有限的面积内展示多幅图像,一般可以通过用户单击切换图像或者定时自动切换图像。skippr 是由第三方开发者开发的图像幻灯片插件,可以从 https://github.com/austenpayan/skippr 下载。

【实例 12-6】图像幻灯片(实例文件 ch12/slider/06.html)。

在这一实例中,通过 skippr 插件实现四幅图像的幻灯片效果,如图 12-7 所示。

图 12-7 图像幻灯片

①在网页中引入 skippr 的 CSS 样式。

```
<linkrel ="stylesheet" href="css/skippr.css">
```

②在 </body> 之前引入 jQuery 以及 skippr 插件。

```
<scriptsrc ="js/jquery-3.3.1.js"></script>
<scriptsrc ="js/skippr.js"></script>
```

③构造幻灯片结构,每一张幻灯片为一个 div 元素。

```
<div id="top">
    <div id="theTarget">
        <div style="background-image:url(images/plugin01.jpg)"></div>
        <div style="background-image:url(images/plugin02.jpg)"></div>
        <div style="background-image:url(images/plugin03.jpg)"></div>
        <div style="background-image:url(images/plugin04.jpg)"></div>
    </div>
</div>
```

其中,幻灯片图像以背景图像的方式存在。

④初始化 skippr。

在幻灯片的容器对象上调用 skippr 方法进行初始化。

```
<script>
$(document).ready(function(){
    $("#theTarget").skippr();
});
</script>
```

skippr 提供了很多参数,可以用来对幻灯片的效果做进一步地定制,如表 12-1 所示。

表 12-1　skippr 插件的参数

参　数	含　义	默认值	实　例
transition	切换效果,fade 为淡入淡出切换,slide 为滑动切换	slide	transition:'slide'
speed	幻灯片切换时间,单位为毫秒	500	speed:500
autoPlay	是否自动进行切换,取值为 true 或者 false	false	autoPlay:true
autoPlayDuration	在设置自动切换时,每一张幻灯片的停留时间	5000	autoPlayDuration:5000
navType	导航元素的外观,block 为方形,bubble 为圆形	block	navType:'bubble'
arrows	是否显示导航箭头,取值为 true 或者 false	true	arrows:true

通过这些参数对 skippr 进行定制,如设置导航元素的外观为圆形,切换时间为 300 ms,自动切换,每一张幻灯片停留时间为 3 000 ms,那么 skippr 的初始化过程将为如下的形式:

```
<script>
$(document).ready(function(){
    $("#theTarget").skippr({
        navType:'bubble',
        speed:300,
        autoPlay:true,
        autoPlayDuration:3000,
    });
});
</script>
```

12.4.2　图像灯箱插件

图像灯箱是指在网页中展示多幅图像时,首先只显示较小尺寸的图像,当用户单击图像时再以弹出框的形式显示较大尺寸的图像。fancybox 是由第三方开发者开发的一个展示图像、文本和多媒体的 jQuery 图像灯箱插件。它可以从 https://fancyapps.com/ 下载。

【实例 12-7】图像灯箱(实例文件 ch12/07.html)。

在本实例中,通过 fancybox 实现当用户单击图像时,以灯箱的形式展示较大尺寸的图像的效果,如图 12-8 所示。

图 12-8　图像灯箱

①在网页中引入fancybox的CSS样式。

```
<link href="css/jquery.fancybox.css" rel="stylesheet">
```

②在</body>之前引入jQuery以及fancybox插件。

```
<script src="js/jquery-3.3.1.js"></script>
<script src="js/jquery.fancybox.js"></script>
```

③构造灯箱结构。

```
<a href="大图" data-fancybox><img src="小图" /></a>
<a href="大图" data-fancybox><img src="小图" /></a>
<a href="大图" data-fancybox><img src="小图" /></a>
<a href="大图" data-fancybox><img src="小图" /></a>
```

其中，需要为每幅图像准备较小尺寸和较大尺寸两个不同的版本，通过img元素在网页中插入较小尺寸的缩略图，通过超链接a元素链接较大尺寸的图像。在超链接a元素上，通过"data-fancybox"属性使得fancybox库自动给缩略图绑定单击事件，创建灯箱效果。

通过给"data-fancybox"属性设置同样的值，可以把灯箱中弹出的图像进行分组。例如，如下的形式将把前两幅图像分为一组，后两幅图像分为一组。

```
<a href="大图" data-fancybox="group1"><img src="小图" /></a>
<a href="大图" data-fancybox="group1"><img src="小图" /></a>
<a href="大图" data-fancybox="group2"><img src="小图" /></a>
<a href="大图" data-fancybox="group2"><img src="小图" /></a>
```

12.4.3 全屏滚动插件

全屏滚动效果通过把图像、颜色以至视频伸展到浏览器全屏的屏幕大小，并且可以通过鼠标或键盘来控制在多屏之间进行全屏滚动，从而创建富有视觉冲击力的网页效果。fullPage是由第三方开发者开发的全屏滚动库，可以独立使用，也可以作为jQuery的插件使用，可从https://github.com/alvarotrigo/fullPage.js下载。

【实例12-8】全屏滚动插件(实例文件ch12/08.html)。

在这一实例中，通过fullPage插件实现多幅图像的全屏滚动效果，如图12-9所示。

图12-9 全屏滚动图像

①在网页中引入 fullPage 的 CSS 样式。

```
<link rel="stylesheet" href="css/fullPage.css">
```

②在 </body> 之前引入 jQuery 以及 fullPage 插件。

```
<script src="js/jquery-3.3.1.js"></script>
<script src="js/fullPage.js"></script>
```

③构造全屏滚动结构,每一屏为一个 div 元素。

```
<div id="fullpage">
    <div class="section section1"></div>
    <div class="section section2"></div>
    <div class="section section3"></div>
    <div class="section section4"></div>
</div>
```

④设置每一屏的背景颜色或背景图像。

```
.section{
    background-size:cover;
}
.section1{
    background-image:url(images/plugin01.jpg);
}
.section2{
    background-image:url(images/plugin02.jpg);
}
```

⑤初始化 fullPage。

在全屏容器对象上调用 fullpage 方法进行初始化。

```
<script type="text/javascript">
$(document).ready(function(){
    $('#fullpage').fullpage({
        navigation:true,
        navigationPosition:'right',
    });
});
</script>
```

其中,navigation 设置是否有导航,navigationPosition 设置导航的位置,在这一实例中圆形导航显示在屏幕的右侧。fullpage 插件还提供了更多的参数,可以用来对全屏的效果做进一步地定制,如表 12-2 所示。

表 12-2 fullpage 插件的参数

参数	含义	默认值	实例
scrollingSpeed	滚动切换的持续时间,单位为毫秒	700	scrollingSpeed:1000
loopTop	是否允许从第 1 屏向上滚动到最后 1 屏	false	loopTop:true

续表

参　数	含　义	默认值	实　例
loopBottom	是否允许从最后 1 屏向下滚动到第 1 屏	false	loopBottom：true
css3	选择使用 JavaScript 或者 CSS3 中的 transform 来实现滚动效果	true	css3：true

例如，如果希望滚动切换速度为 1 000 ms，并且在第 1 屏能够向上滚动到最后 1 屏，在最后 1 屏能够向下滚动到第 1 屏，那么 fullpage 的初始化过程将为如下的形式：

```
<script type ="text/javascript">
$(document).ready(function() {
    $('#fullpage').fullpage({
        scrollingSpeed:1000,
        navigation:true,
        navigationPosition:'right',
        loopTop:true,
        loopBottom:true,
    });
});
</script>
```

12.4.4　擦除效果插件

擦除效果一般利用 JavaScript 在 HTML5 的 canvas 画布元素上对图像进行处理，从而得到类似橡皮擦一样的擦除效果。jQuery.eraser 是由第三方开发者开发的一个实现擦除效果的插件。它可以从 https://github.com/boblemarin/jQuery.eraser 下载。

【实例 12-9】擦除效果（实例文件 ch12/09.html）。

在这一实例中，通过 jQuery.eraser 插件实现上层图像的擦除效果，从而显示出下层的图像，如图 12-10 所示。

图 12-10　擦除效果

①在 </body> 之前引入 jQuery 以及 jQuery.eraser 插件。

```html
<scriptsrc ="js/jquery-3.3.1.js"> </script>
<scriptsrc ="js/jquery.eraser.js"> </script>
```

②通过 CSS 绝对定位的方法,在同一位置上、下放置两幅图像,上层的图像是带模糊效果的图像,下层的图像是清晰图像。

```html
<style>
#img-clear{
    position:absolute;
    left:0;
    top:0;
    z-index:1;
}
#img-blur{
    position:absolute;
    left:0;
    top:0;
    z-index:2;
}
</style>
<body>
    <img id="img-blur" src="images/img-blur.jpg" />
    <img id="img-clear" src="images/img-clear.jpg" />
</body>
```

③在需要擦除的图像上调用 eraser 方法进行初始化。

```html
<script>
$(document).ready(function(){
    $('#img-blur').eraser();
});
</script>
```

通过插件提供的 size 属性,可以改变擦除时画笔的大小。通过 progressFunction 回调函数,可以获得当前擦除的百分比。例如,如果希望擦除画笔的大小为 50,并且显示当前擦除的百分比,可以对实例进行如下的改变:

```html
<script>
$(document).ready(function(){
$('#img-blur').eraser({
  size:50,
  progressFunction:function(p){
     $('#progress').html(Math.round(p*100)+'%');
  }
});
});
</script>
```

思考与练习

一、判断题

1. 在使用 jQuery 时,必须把 jQuery 保存在站点的 js 文件夹才能使用。　　　　（　　）
2. 通过$("#header")选择器,可以选取 id 为 header 的网页元素。　　　　　　（　　）
3. jQuery 中的 attribute()方法用来获取和设置元素属性。　　　　　　　　　　（　　）
4. jQuery 中的 show()函数用来显示原来处于隐藏状态的网页元素。　　　　　（　　）
5. $("#header").css("color","#FFF")表示设置 id 为 header 的网页元素的文字颜色为白色。
　　　　　　　　　　　　　　　　　　　　　　　　　　　　　　　　　　　　（　　）

二、实践题

1. 编写网页,使用 jQuery 改变网页元素的 CSS 属性。
2. 编写网页,使用 jQuery 的动画函数创建网页元素的动态效果。
3. 使用本章中介绍的 jQuery 插件或者从互联网上获得的 jQuery 插件,创建网页元素的特殊效果。

附录 A
HTML 常用元素

按照类别列举了 HTML 的常用元素,以供读者参考。

1. 根元素

元素	说明
html	html 文档最顶层元素,说明此文档是一个 HTML 文档

2. 元数据元素

元素	说明
head	定义文档相关的元数据,包括文档的标题、引用的 CSS 样式和 JavaScript 程序等
title	定义文档的标题
link	定义关联的资源文件
meta	定义文档的相关信息,如字符编码、关键词、描述
style	定义内部 CSS 样式

3. 内容区块元素

元素	说明
body	定义文档的主体
article	定义页面中一块与上下文不相关的独立内容(html5 新元素)
section	定义文档中的一个区域,一般来说会包含一个标题(html5 新元素)
nav	定义网页中的导航链接部分(html5 新元素)
aside	定义当前页面或文章的附属信息部分,它可以包含与当前页面或主要内容相关的引用、侧边栏、广告、导航条等内容,通常作为侧边栏内容(html5 新元素)
h1、h2、h3、h4、h5、h6	定义不同级别的标题
header	定义页面或内容区域的引导性的信息(html5 新元素)
footer	定义最近一个章节内容或者根结点元素的页脚(html5 新元素)

4. 文本内容

元素	说明
div	定义文档中的一个区块,通常用作文档内容的容器
figure	定义媒介内容的分组(html5 新元素)
figcaption	定义 figure 元素的标题(html5 新元素)
p	定义段落
blockquote	定义块引用,标识此内容是引用自某个人或某份文件的资料。通常浏览器会在左、右两边进行缩进(增加外边距),有时会使用斜体
pre	定义预格式化文本,以保留原来编辑好的换行、空格等格式
hr	定义水平线
ul	定义无序列表
ol	定义有序列表
li	定义列表中的每一项
dl	定义包含术语定义以及描述的列表
dt	用于在定义列表中声明一个术语
dd	用于指明定义列表中一个术语的描述

5. 语义内联文本元素

元素	说明
a	定义超链接
b	定义粗体文本
br	定义段内换行
span	定义行内元素
em	定义强调文本,默认情况下,浏览器会以斜体显示文本
i	定义斜体文本
small	定义小号文本
strong	定义更为强烈的强调文本,默认情况下,浏览器会以粗体显示文本
sub	定义下标文本
sup	定义上标文本

6. 图像和多媒体

元素	说明
img	定义图像元素
area	定义图像映射中的热点区域
map	定义带有热点区域的图像映射
audio	定义音频元素(html5 新元素)
video	定义视频元素(html5 新元素)

7. 嵌入内容元素

元素	说明
picture	定义一个容器,用来为其内部特定的 img 元素提供多样的媒体来源(html5 新元素)
source	定义 picture、audio、video 元素的媒体来源(html5 新元素)
embed	用于将外部内容嵌入文档中的指定位置
object	表示引入一个外部资源
param	为 object 元素定义参数
iframe	定义内联框架

8. 表格元素

元素	说明
table	定义表格。table 元素用于定义整个表格,表格内的所有内容都应该位于 < table > 和 </ table > 之间
caption	定义表格标题
thead	定义表格页眉
tbody	定义表格主体
tfoot	定义表格页脚
tr	定义表格的行
th	定义表格的表头,大多数浏览器会把表头显示为粗体居中的文本
td	定义表格单元格
col	定义表格中的列
colgroup	组合表格列组

9. 表单元素

元素	说明
form	定义 HTML 表单
fieldset	定义对表单控件进行分组的域集元素
legend	定义域集元素的标题
input	定义输入控件
label	定义表单控件的关联标题
textarea	定义多行文本区域
select	定义选择列表(下拉列表)
option	定义选择列表的选项
button	定义按钮元素

10. 脚本元素

元素	说明
script	用于嵌入或引用可执行脚本
canvas	定义图形容器,用来通过脚本绘制图形

附录 B CSS 常用属性

按类别列出常用的 CSS 属性,供读者在设计网页时参考。

1. CSS 背景属性

属　　性	说　　明	CSS 版本
background	设置所有跟元素背景相关的属性,如背景图像、背景的重复方式等	1
background-attachment	设置背景图像是否固定	1
background-color	设置元素的背景颜色	1
background-image	设置元素的背景图像	1
background-position	设置背景图像的位置	1
background-repeat	设置背景图像是否重复以及如何重复	1
background-clip	设置背景的绘制区域	3
background-origin	设置背景显示基准	3
background-size	设置背景图片的尺寸	3

2. 文本与字体属性

(1) CSS 文本属性

属　　性	说　　明	CSS 版本
color	设置文本的颜色	1
letter-spacing	设置字符或汉字间距	1
line-height	设置行高	1
text-align	设置文字的水平对齐方式	1
text-decoration	设置文字的修饰效果	1
text-indent	设置文本块首行的缩进	1
text-shadow	为文字添加阴影	2
text-transform	设置西文字符的大小写	1
white-space	设置如何处理元素中的空白	1
word-spacing	设置单词间距	1
word-break	设置非中日韩文本的换行规则	3
word-wrap	设置长单词或 URL 地址自动换行	3

(2) CSS 字体属性

属　　性	说　　明	CSS 版本
font	在一个声明中设置所有字体属性	1
font-family	设置文字的字体	1
font-size	设置文字的字体大小	1
font-stretch	设置文字横向的拉伸	2
font-style	设置文字的风格,是否采用斜体等	1
font-variant	设置是否以小型大写字母的字体显示文本	1
font-weight	设置字体是否加粗	1
@font-face	属于@规则,用于定义 Web 字体	3

3. CSS 大小属性

属　　性	说　　明	CSS 版本
width	设置元素的宽度	1
height	设置元素的高度	1
max-height	设置元素的最大高度	2
max-width	设置元素的最大宽度	2
min-height	设置元素的最小高度	2
min-width	设置元素的最小宽度	2

4. CSS 定位属性

属　　性	说　　明	CSS 版本
float	设置元素是否浮动	1
clear	设置是否允许它与前面的向左浮动或向右浮动的元素在同一行显示	1
position	设置元素的位置定位类型	2
top	当 position 设置为 absolute 或 fixed 时,定义了定位元素的上外边距边界与其包含块上边界之间的距离;当 position 设置为 relative 时,定义了元素的上边界离开其正常位置的距离	2
right	当 position 设置为 absolute 或 fixed 时,定义了定位元素的右外边距边界与其包含块右边界之间的距离;当 position 设置为 relative 时,定义了元素的右边界离开其正常位置的距离	2
bottom	当 position 设置为 absolute 或 fixed 时,定义了定位元素下外边距边界与其包含块下边界之间的距离;当 position 设置为 relative 时,定义了元素的下边界离开其正常位置的距离	2
left	当 position 设置为 absolute 或 fixed 时,定义了定位元素的左外边距边界与其包含块左边界之间的距离;当 position 设置为 relative 时,定义了元素的左边界离开其正常位置的距离	2
display	设置元素块类型	1

续表

属性	说明	CSS 版本
overflow	设置内容超出元素大小时的处理方式	2
vertical-align	设置行内元素或表格单元格元素的垂直对齐方式	1
visibility	设置元素是否可见	2
z-index	设置元素的堆叠顺序	2

5. 盒模型相关属性

（1）盒子属性

属性	说明	CSS 版本
box-shadow	设置元素阴影	3
box-sizing	设置元素大小的计算方式	3

（2）外边距属性

属性	说明	CSS 版本
margin	在一个声明中设置所有外边距属性	1
margin-top	设置元素的上外边距	1
margin-right	设置元素的右外边距	1
margin-bottom	设置元素的下外边距	1
margin-left	设置元素的左外边距	1

（3）内边距属性

属性	说明	CSS 版本
padding	在一个声明中设置所有内边距属性	1
padding-top	设置元素的上内边距	1
padding-right	设置元素的右内边距	1
padding-bottom	设置元素的下内边距	1
padding-left	设置元素的左内边距	1

（4）边框属性

属性	说明	CSS 版本
border	在一个声明中设置所有的边框属性	1
border-bottom	在一个声明中设置所有的下边框属性	1
border-bottom-color	设置下边框的颜色	2
border-bottom-style	设置下边框的样式	2
border-bottom-width	设置下边框的宽度	1
border-color	设置4条边框的颜色	1
border-left	在一个声明中设置所有的左边框属性	1
border-left-color	设置左边框的颜色	2

续表

属　性	说　明	CSS 版本
border-left-style	设置左边框的样式	2
border-left-width	设置左边框的宽度	1
border-right	在一个声明中设置所有的右边框属性	1
border-right-color	设置右边框的颜色	2
border-right-style	设置右边框的样式	2
border-right-width	设置右边框的宽度	1
border-style	设置4条边框的样式	1
border-top	在一个声明中设置所有的上边框属性	1
border-top-color	设置上边框的颜色	2
border-top-style	设置上边框的样式	2
border-top-width	设置上边框的宽度	1
border-width	设置4条边框的宽度	1
border-radius	简写属性，设置边框四个角的圆形样式	3
border-bottom-left-radius	定义边框左下角的圆形样式	3
border-bottom-right-radius	定义边框右下角的圆形样式	3
border-top-left-radius	设置边框左上角的圆形样式	3
border-top-right-radius	设置边框右上角的圆形样式	3
border-image	设置边框图像	3

6. CSS 列表属性

属　性	说　明	CSS 版本
list-style	在一个声明中设置所有的列表属性	1
list-style-image	设置列表项目符号的图像	1
list-style-position	设置列表项目符号的位置	1
list-style-type	设置列表项目符号的类型	1

7. CSS 表格属性

属　性	说　明	CSS 版本
border-collapse	设置是否合并表格边框	2
border-spacing	设置相邻单元格边框之间的距离	2
caption-side	设置表格标题的位置	2
empty-cells	设置是否显示空白单元格的边框和背景	2
table-layout	设置用于表格的布局算法	2

8. 弹性盒子模型属性

属　　性	说　　明	CSS 版本
flex-flow	flex-direction 属性和 flex-wrap 属性的简写属性	3
flex-direction	设置 flex 容器主轴的方向	3
flex-wrap	设置 flex 容器是单行或者多行	3
justify-content	设置浏览器如何分配沿着 flex 容器主轴的 flex 项目之间及其周围的空间	3
align-items	设置 flex 项目在 flex 容器侧轴上的对齐方式	3
flex	flex-grow 属性、flex-shrink 属性和 flex-basis 属性的简写属性	3
flex-grow	设置 flex 项目在 flex 容器剩余空间中的扩展比率	3
flex-shrink	设置 flex 项目在 flex 容器负的剩余空间中的收缩比例	3
flex-basis	设置 flex 项目在主轴方向上的初始大小	3
align-self	设置单个 flex 项目的对齐方式	3
order	设置 flex 项目的排列顺序	3

9. CSS3 变换属性

属　　性	说　　明	CSS 版本
transform	设置元素应用 2D 或 3D 转换。其中，2D 转换函数包括： translate()：位移函数 rotate()：旋转函数 scale()：缩放函数 skew()：倾斜函数	3
transform-origin	设置元素的变换中心点	3

10. CSS3 过渡属性

属　　性	说　　明	CSS 版本
transition	简写属性，用于在一个属性中设置 4 个过渡属性	3
transition-property	设置应用过渡的 CSS 属性名称	3
transition-duration	设置过渡的持续时间	3
transition-timing-function	设置过渡的速度函数	3
transition-delay	设置过渡的延迟时间	3

11. CSS3 动画属性

属　　性	说　　明	CSS 版本
@keyframes	用于定义动画	3
animation	所有动画属性的简写属性,除 animation-play-state 属性外	3
animation-name	设置需要使用的由@keyframes 规则定义的动画名称	3
animation-duration	设置动画的持续时间	3
animation-timing-function	设置动画的速度函数	3
animation-delay	设置动画的延迟时间	3
animation-iteration-count	设置动画的重复运行次数	3
animation-direction	设置动画是否反向播放	3
animation-play-state	可以用于获得当前动画是处于暂停状态还是运行状态的信息,也可以用于设置动画暂停或者从暂停恢复运行	3

附录 C
思考与练习参考答案

第 1 章

一、判断题

1. T 2. T 3. F 4. F 5. F

二、单选题

1. C 2. A 3. B 4. D 5. B

第 2 章

一、判断题

1. F 2. T 3. T 4. F 5. F 6. F 7. T

二、单选题

1. A 2. B 3. B 4. A 5. D 6. C 7. B 8. C

三、思考题

略。

四、操作题

略。

第 3 章

一、判断题

1. F 2. T 3. T 4. T 5. F

二、单选题

1. D 2. A 3. A 4. A 5. C 6. B 7. B 8. A 9. D 10. B 11. C 12. C 13. A 14. B

三、思考题

略。

第 4 章

一、判断题

1. F 2. F 3. F 4. T 5. T

二、单选题

1. A 2. C 3. B 4. D 5. A 6. B 7. D

三、思考题

略。

第 5 章

一、判断题

1. F 2. F 3. F 4. T 5. F

二、单选题

1. A 2. D 3. B 4. C 5. B 6. A

三、思考题

略。

第 6 章

一、判断题

1. T 2. F 3. F 4. F 5. T

二、单选题

1. B 2. C 3. B 4. C 5. D

第 7 章

一、单选题

1. B 2. C 3. C 4. B 5. B

二、填空题

1. flex – direction   2. flex – wrap   3. flex – grow

第 8 章

略。

第 9 章

一、判断题
1. F 2. F 3. T 4. T 5. T

二、单选题
1. C 2. B 3. B 4. C 5. D

第 10 章

一、判断题
1. F 2. F 3. F 4. F 5. T

二、单选题
1. C 2. C 3. B 4. A 5. A

第 11 章

一、判断题
1. T 2. T 3. T 4. T 5. F

二、单选题
1. A 2. C 3. C 4. C 5. A

第 12 章

一、判断题
1. F 2. T 3. F 4. T 5. T

二、实践题
略。

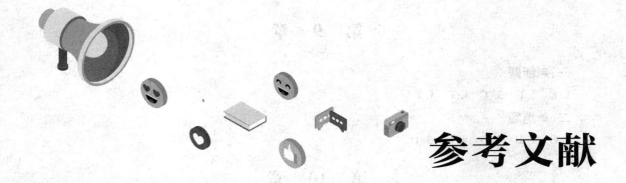

参考文献

[1] DUCKETT J. HTML & CSS 设计与构建网站[M]. 北京:清华大学出版社,2013.

[2] DUCKETT J. JavaScript & jQuery 交互式 Web 前端开发[M]. 北京:清华大学出版社,2015.

[3] 本·弗莱恩. 响应式 Web 设计 HTML5 和 CSS3 实战[M]. 北京:人民邮电出版社,2017.

[4] 腾讯互动娱乐 TGideas. 指尖上行 移动前端开发进阶之路[M]. 北京:人民邮电出版社,2017.

[5] 百度移动用户体验部. 方寸有度 百度移动用户体验设计之道[M]. 北京:电子工业出版社,2017.

[6] 张鑫旭. CSS 世界[M]. 北京:人民邮电出版社,2017.

[7] 单东林,张晓菲,魏然. 锋利的 jQuery[M]. 2 版. 北京:人民邮电出版社,2012.

[8] ERIC A,MEYER. CSS 权威指南[M]. 北京:中国电力出版社,2010.

[9] MCFARLAND D. CSS 实战手册[M]. 北京:中国电力出版社,2016.

[10] FLANAGAN D. JavaScript 权威指南[M]. 北京:机械工业出版社,2012.

[11] iKcamp. 移动 Web 前端高效开发实战[M]. 北京:电子工业出版社,2017.

[12] KOCH PP. 移动 Web 手册[M]. 北京:电子工业出版社,2015.

[13] 唐俊开. HTML5 移动 Web 开发指南[M]. 北京:电子工业出版社,2012.

[14] 未来科技. HTML5 + CSS3 从入门到精通[M]. 北京:中国水利水电出版社,2017.

[15] TERRY,MORRIS F. HTML5 与 CSS3 从入门到精通[M]. 北京:清华大学出版社,2017.

[16] 李银城. 高效前端:Web 高效编程与优化实践[M]. 北京:机械工业出版社,2018.

[17] 杨阳. 移动互联网之路:Axure RP 8.0 网站与 APP 原型设计从入门到精通[M]. 北京:清华大学出版社,2018.

[18] 腾讯公司用户研究与体验设计部. 在你身边,为你设计 Ⅱ 腾讯的移动用户体验设计之道[M]. 北京:电子工业出版社,2016.

[19] WEINSCHENK S. 设计师要懂心理学[M]. 北京:人民邮电出版社,2013.

[20] MCWADE J. 超越平凡的平面设计:版式设计原理与应用[M]. 北京:人民邮电出版社,2010.